先进制造理论研究与工程技术系列

含瓦斯水合物煤体强度特性三轴试验研究

高霞 著

哈尔滨工业大学出版社

内 容 简 介

含瓦斯水合物煤体强度变形特性研究是从水合物技术防治煤与瓦斯突出角度出发,利用融合瓦斯固化和三轴压缩于一体的试验装置,研究含瓦斯水合物煤体在不同围压、饱和度、粒径以及不同应力路径下的强度特性和变形特性。本书共分为5章,主要包括:绪论、煤样微观孔隙结构特性、常规三轴条件下含瓦斯水合物煤体力学性质研究、卸围压条件下含瓦斯水合物煤体力学性质研究以及水合物生成对含瓦斯煤体力学性质的影响等。

本书可供安全工程、采矿工程、岩土工程等相关专业的师生使用,还可供相关企业技术人员和科研院所研究人员参考。

图书在版编目(CIP)数据

含瓦斯水合物煤体强度特性三轴试验研究/高霞著
. —哈尔滨:哈尔滨工业大学出版社,2020.8(2024.2重印)
(先进制造理论研究与工程技术系列)
ISBN 978-7-5603-9008-6

Ⅰ.①含… Ⅱ.①高… Ⅲ.①煤突出-防治-研究②
瓦斯突出-防治-研究 Ⅳ.①TD713

中国版本图书馆 CIP 数据核字(2020)第 157619 号

策划编辑 王桂芝
责任编辑 张永芹 李青晏
出版发行 哈尔滨工业大学出版社
社 址 哈尔滨市南岗区复华四道街 10 号 邮编 150006
传 真 0451-86414749
网 址 http://hitpress.hit.edu.cn
印 刷 哈尔滨市工大节能印刷厂
开 本 787 mm×1 092 mm 1/16 印张 9.5 字数 237 千字
版 次 2020 年 8 月第 1 版 2024 年 2 月第 2 次印刷
书 号 ISBN 978-7-5603-9008-6
定 价 68.00 元

(如因印装质量问题影响阅读,我社负责调换)

前　言

　　煤与瓦斯突出作为一种具有极其复杂动力现象的工程地质灾害,在地应力和瓦斯的共同作用下,在极短时间内造成的煤体突出、瓦斯大量涌出等巨大动力效应严重威胁着煤矿安全。随着我国煤炭浅部可采储量的逐年减少,深部开采成为大部分煤矿必须面临的问题,其中煤与瓦斯突出防治是急需解决的关键难题之一。近20年我国平均每年新增突出矿井37对、发生突出280余次,造成多次重大人员伤亡和财产损失,严重威胁煤矿安全生产;随着我国煤矿开采深度增加,矿井发生煤与瓦斯突出事故的强度、规模和复杂程度不断升级,成为我国矿业安全发展亟待解决的重大问题。为此,《国家中长期科学和技术发展规划纲要(2006—2020年)》将"煤与瓦斯突出防治技术"列为重点研究领域。由此可见开展煤与瓦斯突出防治技术研究的必要性和紧迫性。

　　目前较为普遍的学术观点认为:煤与瓦斯突出是地应力、瓦斯压力、煤体自身力学性质相互作用的结果。瓦斯水合固化后,突出危险体系的瓦斯压力、煤体力学性质等影响因素变化规律的确定是判定水合固化防突技术是否有效的关键。2003年吴强课题组基于瓦斯水合物具有生成条件温和、含气率高、分解热大等优点,提出了一种通过瓦斯水合固化防治突出的技术思路。瓦斯水合固化防突应用基础研究主要包括三方面的科学问题:① 瓦斯水合物能否在煤层中形成? 即:瓦斯水合物在突出危险煤体中的形成规律研究(煤体中瓦斯水合热力学与动力学);② 典型煤层中瓦斯水合物能否更容易地形成? 即:不同类型瓦斯混合气体水合物形成工艺条件优化及促进作用的手段筛选研究;③ 瓦斯水合物的形成能否消除突出危险? 即:突出危险体系在瓦斯水合固化后瓦斯压力、含瓦斯水合物煤体力学性质等变化规律研究。

　　在国家自然科学基金项目(51674108、51104062)的支持下,自2003年以来,课题组一直致力于含瓦斯水合物煤体的力学性质研究,构建了融合瓦斯水合物生成与含瓦斯水合物煤体三轴压缩于一体的试验平台,较为准确地掌握了煤体中瓦斯水合物的生成方法,以及不同影响因素下含瓦斯水合物煤体的强度变形规律,培养了该方向的一名博士后和一些硕、博士研究生,在这些研究工作的基础上,将成果进行凝练和完善,完成本书。

　　本书内容新颖,对具有原创性的水合物在煤体中生成方法及含瓦斯水合物煤体强度变形特性进行了系统阐述,对提高我国利用瓦斯水合技术进行煤与瓦斯突出防治的水平具有重要的学术价值。希望该书的出版对推动煤与瓦斯突出防治技术的进步起到积极的作用。

　　应当指出的是,本书是课题组学术团队多年潜心研究、集体智慧的成果。在此,首先感谢吴强教授提出的利用瓦斯水合技术进行煤与瓦斯突出防治的学术思想;其次感谢张保勇教授,张强、刘传海和吴琼老师在瓦斯水合物热力学和动力学方面的前期基础研究。感谢以下参与研究工作的硕士研究生：朱福良、高橙、刘文新、于洋、杨统川、齐婷婷、王维亮、李春雨、孟伟、沈爽、祝威和王楠楠等。这些研究生在实验室埋头苦干，经历多次失败，为完成本书付出了艰辛的劳动，向他们表示衷心的感谢。

本书出版得到了国家自然科学基金项目(51674108、51104062)的资助，在此表示感谢。

由于作者水平有限，书中难免存在不足之处，敬请诸位读者批评指正。

高 霞

2020 年 6 月

目 录

第1章 绪 论

1.1 研究背景及意义

煤与瓦斯突出作为一种极其复杂的地质动力现象,在极短时间内造成的煤体突出、瓦斯大量涌出等巨大动力效应严重威胁煤矿安全生产。自1834年3月22日法国卢瓦尔煤田艾萨克煤矿发生了首例有记载的煤与瓦斯突出事故以来,世界许多国家相继发生了煤与瓦斯突出,其中近一半发生在我国。煤与瓦斯突出造成人民生命与财产的巨大损失,成为我国矿业安全发展亟待解决的重大问题。 为此,《国家中长期科学和技术发展规划纲要(2006—2020年)》及《国家安全生产科技"十二五"规划》均将"煤与瓦斯突出防治技术"列为重点研究领域。由此可见,进行煤与瓦斯突出防治技术研究的必要性和紧迫性。

2003年,吴强课题组基于瓦斯水合物具有生成条件温和、含气率高、分解热大等优点,提出了利用瓦斯水合机理防治煤与瓦斯突出的新思路。该技术的主要原理为:大部分煤与瓦斯突出事故是由于瓦斯赋存区扰动(揭煤或落煤)促使大量瓦斯瞬间涌出而造成的,因此,延缓扰动时瓦斯的集中涌出是防治此类事故的有效途径;利用瓦斯水合物高含气率、高分解热的特性,采用中高压注水和向水中添加有利于水合物形成的促进剂的方法,使煤层中大部分瓦斯气体水合固化为水合物形态(1体积瓦斯冰可固化164体积的CH_4气体),从而促使煤层赋存瓦斯气体压力大大降低;当采掘工作揭露煤层时,因固态瓦斯水合物分解需要吸收大量的热量,煤层围岩传热系数较小,分解需热量无法较快满足,所以破煤时这些固态瓦斯水合物在瞬间难以融化分解形成高压瓦斯流,加之含瓦斯水合物煤较固化前含瓦斯煤力学性质有所改善,从而达到防治煤与瓦斯突出的目的。

瓦斯水合固化防突技术的应用基础研究主要包括三方面科学问题:① 瓦斯水合物能否在煤层中形成? 即:瓦斯水合物在突出危险煤体中的形成规律(包括水合热力学、动力学规律)研究;② 典型煤层中瓦斯水合物能否在确定的工艺条件下更容易形成? 即:不同类型瓦斯混合气体水合物形成工艺条件确定及促进作用手段筛选研究;③ 瓦斯水合物的形成能否消除突出危险? 即:突出危险煤体在瓦斯水合固化前后应力分布及煤体力学性质变化研究。2004年至今,针对第①与②两个关键科学问题,课题组在国家自然科学基金项目资助下,开展了瓦斯水合物物质特性、形成变化规律、促进剂影响机理等方面的基础研究,获得了典型矿井瓦斯水合固化规律,筛选出了有效改善瓦斯水合固化热力学和动力学条件的部分促进剂类型及其配比,初步掌握了典型煤体中瓦斯水合固化相平衡参数。上述研究工作解决了瓦斯水合物在突出煤体中能否形成以及能否更加容易形成的科学问题。目前较为普遍的学术观点认为:煤与瓦斯突出的过程是一个能量释放、力学破坏的过程,是地应力、瓦斯压力、煤体自身力学性质的相互作用的结果。由此可见,针对第 ③ 科学问题进行深入研究十分必要。综上所述,本书通过对含瓦斯水合物煤体力学性质进行研究,可以建立瓦斯水合固化后含瓦斯水合物煤体力学性质(应力－应变性质、强度性质)与气样组分／浓度、中高压注水量、煤体孔隙／裂隙特性、操作温度／压力、水合物晶体结构类型、水合物饱和度及分布等影响因素的相互作用关系,完善瓦斯水合固化防突技术的基本理论和基本方法。这对于阐明含瓦斯水合物煤体力学性质、推动瓦斯水合固化防突新技术向纵深方向发展具有重要意义。

　　然而,含瓦斯水合物煤体力学性质除受其本身性质(如介质骨架构成、瓦斯水合物晶体类型、饱和度及其在煤体中分布等)影响外,还受加卸载方式控制。而且,工程背景下,大范围煤炭开采对采掘空间煤岩体形成反复扰动,工作面多处于高地应力和强卸荷共同作用下。为此,课题组以加载路径下含瓦斯水合物煤样力学性质研究工作为背景,深入开展卸荷应力路径下含瓦斯水合物煤体应力－应变全过程曲线测试,分析应力路径、饱和度等因素对含瓦斯水合物煤体全过程应力－应变关系的影响,探讨卸荷应力路径下含瓦斯水合物煤体非线性莫尔－库仑(Mohr－Coulomb)强度准则,揭示不同卸荷过程含瓦斯水合物煤体强度与变形参数的劣化规律,阐明卸荷条件下含瓦斯水合物变形破坏规律,可望从煤体力学性质变化角度部分回答瓦斯固化防突第 ③ 科学问题。

1.2　　含水合物沉积物及含瓦斯煤力学性质试验研究现状

　　目前,除本课题组外,其他学者针对瓦斯水合物－煤体类介质力学性质的研究较少,国内外相关研究主要以煤岩介质和含水合物沉积物(GHBS)介质为对象。

1.2.1　　含水合物沉积物力学性质试验研究现状

　　以海洋或冻土区天然气水合物(可燃冰)开采和赋存安全为研究动机,国内外学者主要基于三轴加载试验开展含水合物沉积物变形破坏规律等相关研究。主要围绕 CH_4 水合物沉积物、CO_2 水合物沉积物、饱和度、构造、围压、温度、应变速率、建立模型等内容而开展。在 CH_4 水合物沉积物和 CO_2 水合物沉积物方面,研究了水合物含量、水合物解离、不同合成方法、不同试验方法等对其强度特性、分离特性、变形特性等的影响。Durham 等对室内合成的纯 CH_4 水合物开展三轴压缩蠕变试验,发现相同状态下纯 CH_4 水合物的强度比冰大得多。Clayton 等得出了甲烷水合物含量对砂样沉积物剪切模量、体积模量的影响。Grozic 等对利用不同方法合成的水合物沉积物岩样进行对比分析,发现气湿法对试样强度提高较小,溶解气法提高较大,溶解气法制备的试样内摩擦角较小。Wu 等针对含 CO_2 水合物沉积物研究了水合物在分解时沉积物的力学性质。Hyodo 等采用热采法和减压法对含甲烷水合物沉积物(MHBS)在裂解过程中的剪切强度和变形特性进行试验研究,并利用一种创新的高压装置,对含甲烷水合物砂体的力学性能和分离特性进行三轴试验。Liu 等基于 CO_2 置换开采法,研究 CH_4 水合物－CO_2 水合物－沉积物体系力学特性,发现试样破坏强度随 CO_2 水合物所占比例增大而增大,含 CO_2 沉积物强度随着温度、孔隙率降低以及应变速率增加而增加,随着围压增大而降低,并利用 CH_4－CO_2 置换法从含瓦斯水合物沉积物中回收甲烷可以保持沉积物的稳定性。Song 等研究了水合物解离对含甲烷水合物沉积物的安全性和稳定性的影响,针对沉积物的力学性质,得出沉积物的强度随水合物分解而降低,破坏强度随水合物分解速率降低而降低,并提出了水合物裂解时间与 M−C 判据的数学表达式。Kumar 等研究了不同硅砂和黏土配比及不同水饱和度下甲烷水合物的生成动力学,发现填料中水合物的生成速率随孔隙空间增大而增大,试验沉积物中黏土的加入降低了水合物的转化率和生成速率。Liu 等通过改变轴向压力、CO_2 水合物饱和度、剪切速率和水合物合成温度,对以含 CO_2 淤泥为代表的含水合物沉积物(GHBS)进行了一系列直剪试验,研究结果表明 CO_2 水合物通过胶结粉砂颗粒显著增强了试样的强度。Chuvilina 等开展了含甲烷水合物冻土单轴试验,发现当水合物饱和度低于 30% 时,冻土强度不再随水合物饱和度下降而降低。Seol 等提出了一个测试组件,在甲烷作为客体分子时,来获取含水合物沉积物支持更大尺度现象的实际孔隙尺度观测。Lei 等首次给出了含甲烷水合物沉积物孔隙尺度三轴试验结果,得出了水合物使砂土骨架承受额外的载荷,砂土破碎对水合物分解的影响也随之增大,随着压力−温度条件接近水合物相边界,含水合物沉积物的强度降低,随时间的推移而蠕变和愈合。Klar 等研究甲烷水合物土壤力学行为,建立了甲烷水合物流动与土壤变形耦合的多物理模型;根据达西定律和毛细压力定律,提出了水和甲烷两相流动公式;基于有效应力的概念,建立了水合物土壤沉积物单相弹性完全塑性本构模型,以研究水合物饱和度对其力学强度和刚度的影响。刘芳等制备了含甲烷水合物和含四氢呋喃水合物的砂性沉积物试样,通过低温高压三轴试验系统,研究了含水合物沉积物的强度特性及其影响因素,发现试样黏聚强度随水合物饱和度增加呈指数型增长。李彦龙等通过对含甲烷水合物沉积物的三轴试验,基于临界状态原理探讨水合物沉积物发生应变软化、硬化破坏形式的机制,得出沉积物破坏模式由有效围压、水合物饱和度等因素共同控制,饱和度较高的试样表现出应变软化的脆性破坏模式,饱和度较低的试样表现出明显的应变硬化破坏模式,并建立了应变软化、硬化临界条件预测模型。

在饱和度方面,研究了含水合物沉积物强度、刚度、应力−应变曲线等的演化规律。Winters 等对原状样品、室内人工合成样品、含水合物土原状样进行了三轴压缩试验,发现水合物对沉积物颗粒之间的胶结作用强度取决于沉积物本身性质及水合物饱和度、分布模式等参数,原状和重塑水合物沉积物样品强度的增大比例取决于水合物含量、分布等因素。Miyazaki 等通过两种制样方法制作了水合物沉积物样品,开展力学试验,研究发现饱和度明显提高了剪切强度和弹性模量,并依据莫尔−库仑强度准则分析,得出内聚力受饱和度影响显著,内摩擦角没有明显变化的结论。Gabitto 等提出水合物沉积物在不排水的情况下剪切强度与水合物饱和度之间的函数关系。Brugada 等通过商业离散元软件 PFC^{3D} 对含水合物沉积物试样进行了三轴压缩试验,分析得到了水合物对沉积物力学特性产生的内在影响。Jung 等发现孔隙率的降低和水合物饱和度的升高导致砂体刚度、强度和膨胀趋势的增加,排水条件下的水合物解离会导致体积收缩和应力松弛,若受到偏负荷,则会产生明显的剪切应变。Ghiassian 等开展含水合物沉积物三轴剪切不排水试验,发现含水合物沉积物强度及刚度均随水合物饱和度增大而增大。Kneafsey 等分析了沉积物中水合分解对其强度的影响。Yoneda 等对含水合物沉积物开展了单轴、固结排水和不排水三轴试验,结果表明,试样强度和刚度以及剪胀性随着水合物饱和度的增加而增加,并建立了剪切模量与围压、饱和度有关的经验公式。Yan 等发现含水合物沉积物没有明显的峰值强度,表现出应变硬化特征,弹性模量随有效围压的增大而增大,饱和度对弹性模量影响较小。Tan 等利用三轴仪对含水合物的石英砂样品进行了力学性质的试验研究,结果发现,含水合物沉积物的弹性模量会随着水合物的分解而快速降低,同时应变发生瞬间变化。Santamarina 等利用三轴装置测试了实验室人工合成的含水合物沉积物和海洋样本的体积弹性模量、应力－应变曲线、侧限模量、泊松比以及抗剪强度等力学指标,并探讨了水合物饱和度为 50% 时石英砂和不含水合物的石英砂在强度特征参数摩擦角和黏聚力上的差别。Le 等对含高水合物饱和度砂样进行了三轴压缩试验,结果表明,在较高饱和度条件下,试样剪切强度更大,割线模量更大,膨胀角更大。Oshima 等研究发现,含瓦斯水合物饱和度在 50%(体积分数)以上的三种含瓦斯水合物沉积物为:粉砂粒径比在 70% 以上的沉积物;含砂粒径比在 35% 以上的沉积物;含砾石的粗砂质沉积物。Yun 等利用三轴压缩试验研究四氢呋喃水合物沉积物类型与合成水合物饱和度的关系,认为含水合物多孔介质的应力－应变关系是颗粒尺寸、围压及水合物饱和度的函数。李令东等分别以覆膜砂和膨润土为基质试制备含水合物沉积物岩样,进行三轴压缩力学试验,发现含水合物沉积物的强度及弹性模量随着围压增加而增加,但泊松比与围压无明显相关性。孙晓杰等以不同饱和度含水合物沉积物试样为研究对象,进行了三轴试验,发现饱和度对内摩擦角和泊松比没有明显影响。刘乐乐等通过气体扩散制样法开展了含水合物沉积物的排水三轴剪切试验,结果表明,随着水合物饱和度的增加和有效围压的减小,应力－应变曲线由应变硬化型变为应变软化型,割线模量和峰值强度均随水合物饱和度与有效围压增加而提高,黏聚力受水合物饱和度影响明显,而内摩擦角基本不变,并且还定量描述沉积物有效孔隙结构演化过程,提出含水合物沉积物渗透率理论模型。张金华等重点讨论室内含水合物沉积物的合成方法,总结出其热学性质和力学性质受到水合物饱和度、水合物生长模式等因素的综合影响,而水合物饱和度又受到水合物合成方法和水合物形成物的影响。王淑云等以黏土制备的水合物沉积物试样为研究对象,进行三轴压缩试验,得出高水合物饱和度对试样破坏强度影响显著,饱和度不同,水合物沉积物的应力－应变曲线也有显著差异。

在不同构造的含水合物沉积物方面,研究了颗粒大小、不同结构骨架、不同制法等对含水合物沉积物的强度、变形、内摩擦角、黏聚力、应力－应变关系等的影响。Luo 等开展不同层位含水合物沉积物三轴试验,发现最大偏应力随水合物层的下降而增大,当水合物层位于沉积物中部时,其破坏强度达到最大,并研究了颗粒尺寸对含水合物沉积物力学稳定性的影响,发现大尺寸颗粒的含水合物沉积物具有更高的强度、更大的内摩擦角。Kajiyama 等研究了颗粒特性对含水合物介质力学响应的影响,发现相比于含水合物沉积物,含水合物圆形颗粒表现出明显的峰后应变软化特征,含水合物沉积物内摩擦角和黏聚力均随水合物饱和度增大而增大。Wang 等对南海含气水合物沉积物覆盖层(最上层约 10 m)的物理和机械性能进行了研究。鲁晓兵等对实验室合成的以四氢呋喃水合物、蒙古砂和粉质黏土等为骨架的含水合物沉积物进行三轴试验,获得了纯水合物和含水合物沉积物的应力－应变曲线及强度特征,并发现水合物含量增加会强化沉积物的力学特性。张旭辉等以粉细砂土、蒙古砂土作为土骨架,分别对冰－沉积物以及四氢呋喃、二氧化碳和甲烷 3 种水合物－沉积物进行了室内合成和三轴试验,结果表明,4 种水合物－沉积物介质均表现为塑性破坏,围压越大含水合物沉积物强度越高,在水合物含量相同的条件下,不同气体水合物会使含水合物沉积物的强度不同。魏厚振等开展不同水合物含量粉质砂的三轴剪切试验,研究水合物含量对赋存介质的强度与变形特性的影响,发现水合物含量对含水合物粉质砂介质强度与变形特性影响显著,介质剪切模量随水合物含量增加而上升,试样破坏强度、内摩擦角和黏聚力随水合物含量增加而增大。颜荣涛等采用非饱和成样法(A 法)和饱和试样气体扩散制样法(B 法)两种方法合成含水合物沉积物试样,发现非饱和成样法试样强度、刚度随水合物饱和度增大而增大,高饱和度条件下水合物饱和度增大对饱和试样气体扩散制样法试样强度影响较大,并建立了考虑温度和孔隙压力影响的损伤本构模型,能很好地模拟含水合物沉积物应力 – 应变关系。石要红等以海底粉质黏土作为骨架,进行含水合物沉积物样品三轴压缩试验,获得了水合物分解前后的应力 – 应变曲线和抗剪强度特性。王哲等研究石英砂粒径对含水合物沉积物力学性质的影响,试验结果表明含水合物沉积物强度随着沉积物粒径尺寸的增大而增强,在降压剪切过程中,所有粒径的含水合物沉积物试样均有明显的剪缩现象。

对含水合物沉积物进行三轴试验,研究了围压、温度、应变速率等因素对含水合物沉积物力学特性的影响。Vanoudheusden 等对沉积土进行了三轴剪切试验,分析试样与水合物饱和度、温度、围压、孔隙压力的关系,得出浅水卸荷海底非饱和泥沙坡面比深水卸荷海底同一坡面具有更大的危险性。Iwai 等研究了应变速率对含水合物沉积物力学特性的影响,发现在应变速率较低的条件下水合物饱和度对强度影响较小。Muraoka 等发现测量的热导率随孔隙率(ϕ)增加略有降低,与饱和度(S_h)无关;测量的比热容随 ϕ 增加而增加,随 S_h 增加而减少;测量的热扩散率随 ϕ 增加而降低,随 S_h 增加而增加。李洋辉等以高岭土为沉积物骨架,研究了围压、温度和应变速率对含水合物沉积物力学性质的影响,发现含水合物沉积物破坏强度随应变速率增大而增大,在围压、温度较低的条件下,含水合物沉积物破坏强度随围压、温度增大而增大,而随着围压、温度的进一步增大,试样强度开始平缓下降。于锋等基于含甲烷水合物沉积物三轴试验,发现含甲烷水合物沉积物强度随围压、应变速率增加而增加,但随温度增加反而降低,并提出了一种适用于人造甲烷水合物改进的非线性弹性邓肯 – 张本构模型。Wang 等利用蒙脱土代替南海浅海土进行了一系列三轴试验来研究其力学特性,结果表明,沉积物的破坏强度随温度降低而增大,最大偏应力随围压增大而增大,沉积物强度随孔隙率减小而增大,破坏强度的变化主要受内聚力的影响,内聚力随温度降低而增大。吴二林等考虑水合物含量和有效围压对沉积物力学特性的影响,建立了含天然气水合物沉积物的本构模型。吴起等以南海水合物储层砂为沉积物骨架,开展不同围压、初始孔隙压力条件下含水合物沉积物三轴试验,结果表明,降压分解过程中,含水合物沉积物强度受有效应力和孔隙中水合物含量综合影响。

通过建立各种模型,模拟分析水合物力学特性。Kimito 等考虑水合物饱和度的影响,提出了黏弹塑性本构模型。Sun 等用一个非线性温度 – 渗流 – 应力 – 化学(Thermal – Hydrological – Mechanical – Chemical,THMC)模型在偏微分方程(PDE)和结构力学模块的 COMSOL 多物理场有限元代码,来模拟含水合物沉积物的力学行为。Jiang 等采用计算流体力学耦合离散元法(CFD – DEM)研究含甲烷水合物沉积物(MHBS)的不排水抗剪强度,模拟结果表明 MHBS 的应力应变行为取决于温度、围压和饱和度,水合物的存在使净砂的硬化响应转变为软化响应,由总应力和有效应力计算的摩擦角、内聚力随围压、水合物饱和度增加或温度降低而增加。Li 等提出了一种基于统一强化框架的含水合物沉积物(GHBS)模型,能够预测不同水合物饱和与约束条件下 GHBS 的力学行为。Cai 等将计算机断层成像与水流试验相结合,用分形几何方法分析孔隙尺度结构参数(如平均孔隙和喉道半径、孔隙和喉道中值半径、最大孔隙和喉道半径、分形维数)在不同轴向应变下的变化,结果表明,轴向应力与结构参数呈负相关关系,随着轴向应力的增大,位于中心分布右侧的孔喉半径分布范围减小。Teymouri 等提出了一种新的伪动力学方法来模拟 GHBS 中预期的典型相变,在一个完全耦合的 THMC 有限元代码中实现了伪动力学模型,并利用试验结果验证了它对合成天然气水合物的解离。Liu 等对石英岩砂中水合物的成核和生长进行了随机模拟,得出归一化孔径分形维数和归一化最大孔径随水合物饱和度的增加而减小,非饱和含水合物沉积物的剪切强度因水合物分离时毛细压力减小而下降。De la fuente 等提出了水合物的本构模型,该模型依赖于水合物孔隙侵入对沉积物力学性质的致密化效应,表明水合物形成过程中有效孔隙体积的减小使水合物的结构变硬,并与含砂量的增大具有相似的力学效应。Jiang 等提出了一种新型的温度－渗流－应力－化学(THMC)键合接触模型,并将其应用到 DEM 商业软件中,以捕捉 MHBS 在开采应力路径下的力学行为。肖俞等将饱和度引入到含水合物沉积物的屈服函数中,建立了含水合物沉积物的弹塑性本构模型。杨期君等通过深入研究含水合物沉积物力学特性,初步建立了一个含水合物沉积物的弹塑性损伤本构模型。蒋明镜对甲烷水合物进行了离散元模拟试验,模拟分析水合物力学特性。刘林等提出了一种含水合物沉积物的弹塑性本构模型,建立富水相环境下含水合物沉积物的弹塑性本构模型。张小玲等建立考虑含水合物沉积物损伤的温度－渗流－应力－化学(THMC)多场耦合数学模型,基于该模型讨论了含水合物沉积物结构损伤对水合物分解过程中沉积物储层的变形、压力、温度等因素的影响规律,计算分析发现含水合物沉积物结构损伤对水合物分解的多场耦合过程具有显著影响,并随着分解时间增加,其影响逐渐增大。

1.2.2　含瓦斯煤力学性质试验研究现状

国内外学者以"含瓦斯煤"和"煤体"为研究对象,以煤炭安全开采、地下岩体安全开挖为研究动机,进行加卸载下含瓦斯煤和煤体力学性质的试验研究。主要围绕加(恒)轴压卸围压、加载方式或条件、加卸载速率、应力路径、瓦斯压力、围压、温度等因素而开展。

在加(恒)轴压卸围压方面,研究了含瓦斯煤或煤体的强度特性、变形特性、渗透特性、应力－应变关系、煤样破坏等的演化规律。Chen 等针对型煤探讨了卸围压对含瓦斯煤强度及变形参数的影响规律,发现当卸载有效围压、增加偏应力时,损伤变量和渗透率都没有明显增加,但随着偏应力减小开始加速增加,在相同有效围压下,出现损伤裂缝时偏应力相对减小,渗透率相对增大。Yin 等对含瓦斯煤进行了恒轴压卸围压试验,发现围压卸荷率越高,抗压强度越低;并探究不同瓦斯压力条件下含瓦斯煤岩的特性,对其进行了三轴加载、加轴压－卸围压试验,发现卸载条件下煤岩的强度较低,变形较大。Liu、Li 等通过卸荷条件下含瓦斯煤体三轴试验,发现原煤和型煤有本质不同,原煤裂隙不仅对破坏前变形有影响,还对破坏后残余阶段变形有影响。Zhang 等对煤样进行了三轴试验,包括卸除围压模拟抽采,记录原煤在试验过程中的变形和渗透特性,结果表明,煤样的体积变化可分为三个阶段(体积收缩、体积变化很小或没有、体积膨胀),气体渗流也可分为三个阶段(渗流递减、稳定渗流、加速渗流),并提出了一种模拟含瓦斯煤损伤演化及其对透气性影响的分析模型。赵阳升等提出块裂介质岩体变形与气体渗流的耦合数学模型及其数值解法,并获得了含瓦斯煤岩的有效应力规律和煤体－瓦斯力学模型等研究成果。李小琴等使用MTS815.02 仪器对砂岩进行了渗透特性试验研究,利用绘制的应力－应变关系曲线,探究了渗透系数与初始围压的关系。王家臣等以具有突出倾向的原煤粉制备的型煤试件为研究对象,对其含瓦斯煤样加卸载过程中的力学性质和瓦斯对煤样力学性质的影响进行了试验研究,分析出含瓦斯煤样加卸载过程中产生的残余变形量较大,瓦斯对煤样力学性质的影响随围压增加而减小。黄启翔基于含瓦斯煤卸围压试验,应用 MTS815 力学试验机,发现煤岩三种应变、泊松比均随围压降低而加速增大,且煤岩具有体积膨胀现象。程远平等利用渗透率理论模型探讨深部煤层渗透率的变化,发现煤体卸荷过程中既存在原始裂隙扩展也有新生裂隙产生,卸载过程并非加载的逆过程,煤体内部裂隙在加载过程中出现了永久性损伤。宋爽等应用RFPA2D－Flow软件模拟研究轴向加载－横向卸载作用下含瓦斯煤的变形破裂规律,得出了初始围压、轴压越大,卸载速率越小,煤体的极限抗压、拉强度及其对应的轴向、横向应变越大,峰值强度及应变与初始围压、轴压呈明显的线性相关性,而与卸载速率表现出阶梯状,随卸载速率增加,峰值强度及应变减小速率逐渐降低。解北京等结合煤吸附瓦斯的“变形效应”特征和莫尔－库仑(Mohr－Coulomb)强度理论,提出的“静态损伤变量法”确定了含瓦斯煤 HJC 本构模型的主要参数,并开展含瓦斯煤落锤冲击破坏的数值模拟研究。刘超等以原煤为研究对象,进行峰后轴压保持在不同应力水平下围压的卸载试验,以分析围压卸载对原煤变形特性和渗透特性的影响。张冲等利用自主研发的含瓦斯煤受载破坏试验系统,测定了三轴加载条件下煤体的瓦斯渗流速度及温度联合响应规律,分析了加载速率对瓦斯渗流速度和温度的影响效应,建立了瓦斯渗流速度及温度与突出煤失稳破坏之间的关系,在整个加载过程中,瓦斯渗流速度表现出先减小后增大的趋势,在应力峰值处渗流速度出现突变点;随着加载应力的升高,瓦斯渗流温度呈线性增大趋势。鲁俊等基于自主研制的多功能真三轴流固耦合试验系统,进行了考虑气体影响的完整煤样和卸压孔煤样的五面加载、单面临空试验,结果表明,复合动力灾害发生过程具有明显的阶段性,中间主应力在一定范围内有增强煤样强度的特性。舒龙勇研究发现瓦斯高效抽采和有效降低地应力是防止煤与瓦斯突出的核心和关键。刘保县等利用 MTS815 岩石力学测试电液伺服试验系统和8CHSPCI－2声发射检测系统,对煤岩卸荷变形损伤及声发射特性进行了研究,煤岩卸荷破坏表现为强烈的脆性破坏,且多呈张剪复合型破坏形式。谢和平等开展了三种开采条件下(无煤柱开采、放顶煤开采、保护层开采)原煤破坏时应力应变力学行为研究。潘荣锟等对含层理原煤试件进行渗透试验研究,来探讨不同载荷条件下层理裂隙煤体渗透的演化规律,结果表明,在加载过程中煤体层理裂隙变形、闭合对裂隙面造成永久性的损伤,使得在卸载过程中难以恢复而造成渗透率损失。

在不同加载方式或条件方面,研究了含瓦斯煤或煤体的渗透特性、弹性应变能、变形特性等的演化规律。Li 等得出了含瓦斯煤力学性质和渗流特征随加载方式变化而变化,渗透率受应力和损伤累积的双重影响,煤的累积耗散能随轴向有效应力呈指数增长,循环荷载作用下,煤的阻尼系数先减小后增大。Hu 等进行了循环加载试验,提出了一种基于含瓦斯煤岩膨胀力学特性的新方法,以膨胀临界点为边界,根据应力－体积应变曲线与横轴形成的面积,计算含瓦斯煤岩的弹性应变能。Chu 等对煤样进行了三轴循环加载试验,结果表明,绝对渗透率恢复率在破坏前先减小后增大,相对渗透率恢复率在压实阶段急剧减小,在弹性阶段保持稳定,在破坏前逐渐增大;累积残余变形随着循环加载卸载次数增加而增大,相对残余变形在破坏前先逐渐减小,然后稳定,再急剧增大;随着偏应力增大,煤样总能量呈指数函数增加。李文璞等采用试验研究、理论分析、数值模拟等相结合的方法，对常规加载条件和不同加卸载条件下含瓦斯煤的力学特性和渗透规律进行试验研究，揭示不同加卸载条件下含瓦斯煤的变形模量、泊松比、强度以及渗透特性等变化规律。袁曦等为研究下保护层开采过程中采动应力作用下含瓦斯突出煤的渗流特性，进行了恒定轴压卸围压、增大轴压卸围压、轴压围压同时卸载等三种不同加卸载条件下分阶段卸围压试验，发现煤样的变形具有明显的阶梯状特性。尹光志等进行单调加载、不同初始应力状态加卸载条件下原煤渗流特性的试验研究，结果表明，理论计算值和试验结果吻合度比较高，单调加载与加卸载条件下原煤的渗透率随着有效应力的增加呈负指数关系下降。

在不同加卸载速率方面，研究了含瓦斯煤或煤体的轴向应力、抗压强度、弹性模量等的演化规律。Deng 等以围压、初始轴向应力、卸荷速率为变量，对含瓦斯煤开展了峰前和峰后卸围压试验，指出降低卸荷速率（开挖速率）将使轴向应力平台的使用时间更长，地下采煤工作更安全。Zhang 等发现在加轴压卸围压条件下，三轴强度随加载速率增加而增加；在轴压和围压同时卸荷的条件下，随着卸荷速率的增加，煤样中新的微裂纹在短时间内无法扩展和贯通；卸荷速率越高，瓦斯流量增加的幅度越小。Dawei 等为了研究不同加载速率下顶煤柱结构体的力学性能，对砂岩顶煤柱结构体进行了不同加载速率下的单轴压缩试验。结果表明，随着加载速率的降低，结构体的宏观破坏萌生强度和弹性模量整体下降。李永明等进行加、卸载试验力学参数对比和不同初始卸荷速率时煤岩试件破坏的试验，得出了煤样的强度、破坏方式等与煤岩的结构和受载途径密切相关，加、卸载试验极限强度有一定的差别。徐佑林等分析煤矿井下瓦斯压力、地应力、开采强度及其耦合条件对含瓦斯煤力学特性及巷道围岩变形破坏规律的影响，认为围压（5 MPa、6.5 MPa、8 MPa）和卸围压速率（0.005 MPa/s、0.007 MPa/s、0.01 MPa/s）对煤体弹性模量影响显著，含瓦斯原煤发生变形破坏时间随围压增加而增加、随卸围压速率增加而减少。赵洪宝等以型煤为研究对象，研究卸围压起始水平对含瓦斯煤力学特性的影响，结果发现应变保持不变的情况下，含瓦斯煤在围压被逐渐卸除后其轴向应力呈现逐渐减小的趋势。潘一山等进行含瓦斯煤岩围压卸荷瓦斯渗流试验，结果表明，随着围压卸荷速率的提高，煤岩内部大量微观裂纹扩展，促进煤岩变形损伤。俞欢等对开挖煤层顶底板应力－裂隙场的演化规律和不同加卸载速率影响下含瓦斯煤力学及渗透特性进行试验研究，并探讨了一种新型模拟采动应力变化的加卸载试验方法。高保彬等研究了煤体破坏的加载速率效应，从煤岩力学性质、声发射特性和数值模拟角度进行分析，得出了抗压强度、弹性模量、声发射峰值计数、声发射峰值能量随着加载速率降低而降低，但声发射累计计数和累计能量却有所升高。赵宏刚等分析研究不同加卸载速率下原煤的力学特性，得出在相同轴向应变时，加卸载速率比越小，煤样的变形模量越大。张军伟等采用恒定轴压以不同卸荷速率分阶段卸围压的方式，开展了不同初始围压下型煤试样三轴试验，发现分阶段卸围压条件下构造煤力学强度和变形能力明显小于三轴加载试验。

在不同应力路径方面，研究了含瓦斯煤或煤体的强度、损伤破坏、渗透率、煤样破坏等的演化规律。Xue 进行了两种应力路径下的含瓦斯煤卸荷试验，定量分析了卸荷速率对含瓦斯煤力学行为的影响，结果发现较高的卸围压速率造成试样较低的抗压强度和延性应变，卸围压速率的增加降低了试样的弹性能和耗散能。Wang 等在不同卸载路径下，对含瓦斯原煤（UCP、AUCP）和含瓦斯煤岩组合试样（UCPS、UCP－RAS）进行相应的三轴试验，得出煤样破坏形式均为拉剪破坏,在 UCP－RAS 区含瓦斯煤岩组合试样更容易发生变形断裂,损伤程度也更强烈,UCP 试验方案和 CTC 试验方案下组合体损伤程度无显著差异。尹光志等利用自行研制的含瓦斯煤热流固耦合三轴伺服渗流试验装置,开展了不同控制方式和应力路径下的含瓦斯原煤样力学性质试验研究,结果表明,卸围压速率越大,煤岩越容易发生失稳,与加载结果相比,卸荷条件下煤样的三轴压缩强度、屈服应变或承载能力显著降低。许江等以原煤为研究对象,采用加轴压、卸围压的应力控制方式开展煤岩加卸载试验,分析加卸载条件下煤岩变形特性和渗透特征的演化规律,得出加卸载试验峰值强度明显低于常规三轴压缩试验峰值强度,煤岩渗透率、应力差与应变关系可以分为三个阶段(初始压密和屈服阶段、屈服后阶段、破坏失稳阶段)。Du 等利用 RLW－500G 对含瓦斯煤、煤泥岩组合体和煤砂岩组合体进行了常规三轴压缩试验,分析得出与常规三轴压缩试验相比,卸荷条件下煤岩组合体的变形更为明显,三种试样在不同应力路径下的声发射累积计数和能量均随围压增大而减小,随气压减小而减小。杨永杰等进行了不同应力路径下煤岩声发射试验和三轴加载卸荷试验,发现煤岩内部大裂纹破裂具有共性而小裂纹形成不具有共性,以随机性为主,并相比于加载试验,卸荷条件下煤样的破坏更为剧烈、更具突发性。苏承东等利用RMT－150B 岩石力学试验机进行三轴试验,得出卸围压试验峰值后煤样塑性明显增强,卸围压时煤样承载能力明显偏低,在煤样屈服前进行加卸载,加载时弹性模量始终低于卸载时弹性模量。黄启翔等利用 MTS815 力学试验机,对型煤试件分别开展了位移控制方式和力控制方式峰前卸围压试验,得出位移控制方式卸围压将导致型煤试件的扩容损伤,随着围压的降低,轴向应力减小;力控制方式卸围压将导致型煤试件的破坏,随着围压的降低,轴向应变增大。刘泉声等对淮南矿区原煤进行一系列加卸载试验,对比分析加卸载条件下原煤的强度、变形以及破坏模式,发现加卸载路径下煤样均以剪切破坏为主,且卸荷试验下煤样黏聚力明显小于常规三轴试验。

在进行三轴试验方面,研究了不同围压、瓦斯压力下含瓦斯煤或煤体的力学性质。李小双等利用岛津 AG－250 伺服材料试验机和自行研制的三轴渗透仪,开展不同外界应力条件下含瓦斯突出煤的三轴压缩试验,发现围压增大对含瓦斯煤力学性质有强化作用,而瓦斯压力的增大对含瓦斯煤力学性质有劣化作用。蒋长宝等开展不同初始围压(4 MPa、6 MPa、8 MPa)、不同瓦斯压力组合条件(0.5 MPa、1 MPa、1.5 MPa)下的卸围压试验及不同含水状态下含瓦斯煤三轴加载试验,发现卸围压试验中煤样破坏形式呈现剪切破坏为主的张剪复合破坏,围压和加卸荷速率对煤岩变形有重要影响,煤样含水率越大,含瓦斯煤的强度和变形模量越小。吕有厂等探讨了含瓦斯煤岩卸围压失稳破坏过程中的力学特性及其能量耗散规律,发现初始围压和瓦斯压力相同条件(3 MPa、5 MPa、7 MPa)下,卸围压速率越大,含瓦斯煤岩失稳破坏越快,其轴向应变、侧向应变和体积应变越小,能量耗散随着卸围压速率的增大而减小。袁梅等以无烟煤型煤试件为研究对象,进行不同轴压、围压条件下气体压力加卸载过程中渗流试验研究,模拟不同煤层深度,探讨了煤变形及瓦斯运移演化规律。杜育芹等开展了不同围压(1 MPa、2 MPa、3 MPa)下含瓦斯煤三轴压缩试验,发现围压增大能强化试样的力学性质。王祖洸等以自主研发的含瓦斯煤单轴压缩试验系统对原煤进行了不同瓦斯压力下煤样单轴压缩试验,发现随瓦斯压力增加,煤样的抗压强度与弹性模量均呈降低趋势。肖晓春等研制了含瓦斯煤岩真三轴多参数试验系统,初步开展瓦斯压力、侧压比、不同卸荷路径条件下的含瓦斯煤岩三轴试验,分析得到瓦斯压力可影响煤岩体强度,侧压比和加卸荷路径是影响煤岩体力学性质的重要因素。郭平开展不同瓦斯压力条件下的煤体吸附－解吸变形试验，得出了动态曲线可分为三个阶段（抽真空压缩变形阶段、吸附膨胀变形阶段、解吸收缩变形阶段），并有明显的各向异性特征，含瓦斯煤体体积变形随吸附／解吸压力的增大呈线性增加，其变形不可逆，残余变形量随气体压力增加而增大，且纵向变形对煤体残余体积变形贡献相对较大。张东明进行了卸荷应力路径下三轴试验，研究卸围试验中瓦斯压力对原煤强度及变形的影响，结果表明，煤样的强度与初始瓦斯压力成反比，瓦斯压力越大，煤样破坏时轴向应变越小，而径向应变和扩容量越大。许江等开展不同瓦斯压力条件下原煤在剪切荷载作用时裂纹演化细观特性试验研究，分析裂纹开裂扩展与形态演化模式及其受瓦斯压力的影响规律，得出煤岩裂纹的开裂扩展及破坏后形态受原始裂纹影响。吴强等对含瓦斯气体及水合物型煤进行常规三轴试验，研究了不同围压下两种煤样的力学性质，结果表明随着围压增加，两种煤样的应力－应变关系有从软化型向硬化型转化趋势；瓦斯压力不变时，突出煤体试样的抗压强度、峰值强度和变形模量都随着围压的增加呈线性增加的关系；随围压增大煤样破坏面从径向偏向轴向，破裂角逐渐变大。何俊江等进行了含瓦斯煤全应力－应变试验和含瓦斯煤吸附膨胀试验，得出在有效围压一定的条件下，瓦斯压力越大，煤体的弹性模量越低，抗压强度越低，抵抗变形的能力越弱；煤体中充入吸附性越强的气体，对煤体力学特性影响越大，煤体抵抗变形的能力越弱；在固定轴向载荷和有效围压的条件下，煤体内瓦斯压力越大，煤体膨胀变形的速率越快，并且达到最终破坏的形变量也越小；吸附瓦斯和游离瓦斯的存在加速了裂纹劈裂破坏，使煤体更容易发生剪切滑移破坏。王登科等利用三轴蠕变试验系统对含瓦斯煤样进行三轴蠕变试验，得到了含瓦斯煤样的蠕变行为可以表现出衰减蠕变和非衰减蠕变两种形态，其中蠕变载荷、围压和瓦斯压力是影响含瓦斯煤样蠕变特性的重要因素。郝宪杰等在等效破裂角概念基础上，采用正交分析理论，对煤样剪切破坏规律及其主要影响因素进行分析，发现随内摩擦角及围压的减小，易发生破坏的顺序依次为单剪破坏、共轭破裂、张剪破坏、延性破坏。孔祥国等开展含瓦斯煤动力学试验，研究了含瓦斯煤峰值强度和峰值应变与有效轴向静载、有效围压和动载荷冲击速率的关系，结果表明，含瓦斯煤峰值强度随有效轴向静载呈指数增加、随有效围压呈线性增加；含瓦斯煤峰值应变随有效轴向静载呈线性增加、随有效围压呈指数衰减；在应变率低水平阶段，含瓦斯煤峰值强度和峰值应变随应变率增加而增加。王凯等对无烟煤进行了常规三轴（围压2 MPa、4 MPa、6 MPa、8 MPa）与卸围压试验，得出与常规三轴试验相比，初始围压相同情况下，煤样在卸围压时的破坏更强烈，初始围压越高和卸围压速率越大，煤样越容易失稳。

在温度方面，研究了含瓦斯煤或煤体的弹性模量、强度特性、应力－应变关系等的演化规律。万志军等研究高温下煤体弹性模量的演化规律。廖雪娇等研究温度（30 ℃、50 ℃、70 ℃）对含瓦斯煤体力学特性的影响，分析认为温度越高，卸围压条件下煤样强度越低，峰值处应变越小，发生煤体失稳和瓦斯突出的可能性越大。许江等在不同温度条件（10 ℃、30 ℃、70 ℃）下采用加轴压、卸围压应力控制方式开展了煤岩加卸载试验，认为加卸载试验峰值强度明显低于常规三轴压缩试验峰值强度，加卸载过程中煤岩应力－应变关系可以分为初始压密阶段、屈服阶段、屈服后阶段、破坏失稳阶段。

第 2 章　　煤样微观孔隙结构特性

2.1　压汞法基本原理

压汞法测定煤体孔隙大小的原理是:根据 Laplace 方程,浸润角大于 90°的汞,在大气压力的条件下是不能侵入煤的孔隙裂隙中的,只有施加外界压力才能克服汞表面张力带来的阻力。压入汞需要的外力受孔径大小的干扰,外界压力施加越大,汞侵入的孔径越小。煤中孔隙体积和孔隙有效半径可根据压入汞的体积和压力计算出来。孔隙有效半径的计算公式为

$$r = \frac{-2\gamma\cos\theta}{p} \tag{2.1}$$

式中　　r——孔隙有效半径,nm;

　　　　p——压汞所加的外界压力,kg/cm^2;

　　　　γ——汞的表面张力,4.8×10^{-3} N/m;

　　　　θ——汞对煤的湿润角,取 $-140°$。

将有关参数代入上述公式,则有

$$r = \frac{7\ 534}{p} \tag{2.2}$$

煤的孔隙有效半径 r 可根据式(2.2)求出。

为了从注汞体积与施加压力之间的关系导出孔隙体积分布的计算公式,定义孔隙体积分布函数为

$$Dv(r) = \frac{dV}{dr} \tag{2.3}$$

对于确定的被测样品和一定的环境温度而言,Washburn 方程中的 γ 和 θ 可认为是常数,于是由 Washburn 方程可推得

$$Dv(r) = \frac{p\,dV}{r\,dp} \tag{2.4}$$

孔隙体积分布曲线可根据样品的压力－注汞体积关系求得,其反映每单位孔隙有效半径区间的孔隙体积。孔隙有效半径区间的注汞体积可根据体积分布函数通过积分计算得到,如下式所示:

$$V = \int_{r_1}^{r_2} Dv(r)\,dr \tag{2.5}$$

注汞曲线能产生颗粒之间的孔的有关信息,注汞曲线还应包含颗粒本身结构尺寸的信息。Mayer 和 Stowe 对汞侵入规则球体基体的行为做了细致的研究。假定穿透压力 p_b 迫使汞侵入密实的直径为 D 的球体所需的压力由下式决定:

$$p_b = \frac{K\gamma}{D} \tag{2.6}$$

式中　K——MS 比例常数；

　　　γ—— 汞的表面张力。

平均颗粒的配位数（N_c）可通过下式估算出来：

$$N_c = \frac{\pi}{1 - \dfrac{\rho_{Hg}}{\rho_{He}}} \tag{2.7}$$

式中　ρ_{Hg} 和 ρ_{He}——样品颗粒的堆积密度和氦膨胀法真密度。

孔隙率的定义是固体中孔隙与总表观体积之比，总孔隙率（ε）常常由汞密度（ρ_{Hg}）和氦密度（ρ_{He}）估计出来：

$$\varepsilon = 100\left(1 - \frac{\rho_{Hg}}{\rho_{He}}\right) \tag{2.8}$$

在煤体中，颗粒内空间（V_b）和颗粒间空间（V_a）合起来是总的孔隙空间（V_c）。可以用下面的公式区别煤体中不同类型的孔隙率：

$$颗粒间孔隙率（\%） = 100\frac{V_a}{V_b} \tag{2.9}$$

$$颗粒内孔隙率（\%） = 100\frac{V_a - V_b}{V_c - V_b} \tag{2.10}$$

$$汞侵入孔隙率（\%） = 100\frac{V_a}{V_c} \tag{2.11}$$

2.2　龙煤集团新安煤矿 8# 煤层煤样孔隙特征

2.2.1　压汞试验结果分析

为了研究煤体微观孔隙结构，选取龙煤集团新安煤矿 8# 上煤层煤样进行压汞试验，试样基本特征见表2.1。其中，X 为型煤，Y 为原煤，A 为粒径 0.425～0.850 mm（20～40 目），B 为粒径0.180～0.250 mm（60～80 目），C 为粒径 0.180 mm 以下（80 目以上）。

表 2.1　新安煤矿试样基本特征

编号	d/mm	m/g	V/cm³	编号	d/mm	m/g	V/cm³
Y－1	—	0.419	0.464	X－B－1		0.254	0.215
Y－2	—	0.386	0.696	X－B－2	0.180～0.250	0.238	0.146
Y－3	—	0.505	0.641	X－B－3		0.286	0.248
X－A－1		0.430	0.336	X－C－1		0.312	0.264
X－A－2	0.425～0.850	0.293	0.332	X－C－2	0.180 以下	0.244	0.191
X－A－3		0.153	0.125	X－C－3		0.127	0.089

1.进退汞曲线分析

(1) 型煤进退汞曲线分析。

图 2.1 所示为 0.425～0.850 mm、0.180～0.250 mm、0.180 mm 以下粒径的型煤进退汞曲线,其中,试样分别取自同一煤样的不同部位。

由图 2.1 可知,0.425～0.850 mm 试样进汞曲线形状近似于"Γ"形,在压汞初期(0～17 MPa 范围内),随着压力增大,曲线斜率迅速增大;即使在较大压力下,进汞量仍变化较小,说明 0.425～0.850 mm 粒径试样中较小孔径的孔隙不发育。0.180～0.250 mm 粒径试样进退汞曲线与 0.425～0.850 mm 试样进退汞曲线较为相似,在进汞初期,压力较小条件下,有大量汞进入内部孔隙;在压力超过 34 MPa 之后,累计进汞量几乎无变化。在压汞初期,0.180 mm 以下粒径试样进汞量变化较大,几乎呈垂直上升趋势,X－A－1、X－A－3 煤样曲线的中后区进汞量几乎无变化,X－A－2 煤样曲线自 160 MPa 后呈上升趋势。

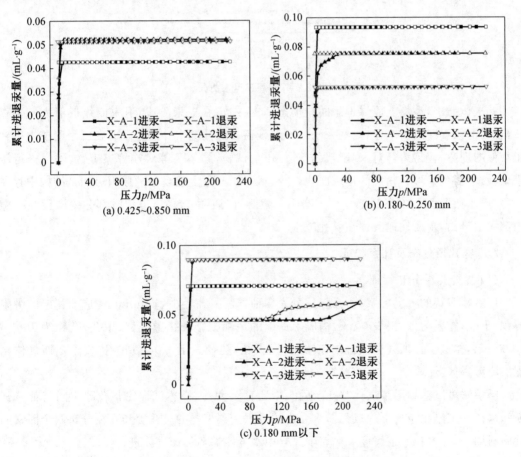

图 2.1　不同粒径型煤进退汞曲线

综上所述,在相同制样条件下,不同粒径试样进汞曲线形态基本相同,均为"Γ"形,有少量试样在压汞后期仍有汞进入内部孔隙,退汞曲线近似为直线,这说明不同粒径煤粒对型煤进退汞曲线形态影响不大。

（2）原煤进退汞曲线分析。

图2.2所示为原煤进退汞曲线，Y－1、Y－2、Y－3煤样分别取自同一煤块不同部位。由图可知，除Y－1煤样曲线在压力0～48 MPa范围内呈逐渐上升趋势外，其他进汞曲线形态基本相同，均为在施加压力初期，进汞量有大幅度上升，而随着压力的继续增大，进汞量几乎未发生改变。

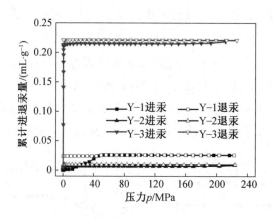

图 2.2　　原煤进退汞曲线

此次试验中，型煤及原煤退汞曲线形态基本一致，在退汞阶段，退汞曲线近似为一条直线，说明退汞存在滞留现象，一些汞永久性地残留在煤孔隙中。一些学者在压汞测试中得到了相似的现象，曹涛涛等对大隆组页岩进行压汞试验，顾熠凡等对桂箐煤矿软、硬煤进行压汞试验，均得到了形状相似的退汞曲线。分析认为，产生上述现象的原因可能是结构中存在一些"墨水瓶"型孔隙，导致当汞压入窄小孔隙时有"瓶颈"效应，退汞时部分汞滞留在孔隙内部无法排出，永久性地残留在煤孔隙中。

2.煤样孔径分布及孔容特征

（1）煤样孔径分布特征。

按照霍多特的分类方案，将孔隙划分为四种：微孔，孔径小于10 nm，构成了瓦斯的吸附容积；小孔，孔径为10～100 nm，构成了瓦斯的毛细凝结和扩散区域；中孔，孔径为100～1 000 nm，构成了瓦斯气体缓慢层流渗透区；大孔，孔径大于1 000 nm，构成了瓦斯气体剧烈层流渗透区。

压汞法可以连续测量煤体微孔、小孔、中孔直至大孔，描述试样完整孔隙空间特征。瓦斯和水在一定温压条件下生成瓦斯水合物的过程受到煤样的总孔容和孔径分布两个因素的共同制约，总孔容在一定程度上代表了煤样中水分能够与瓦斯气体进行反应区域的大小；孔径分布则决定了瓦斯在煤孔隙中流动的难易程度，直接影响瓦斯水合物的生成。图2.3所示为不同煤样的孔径分布比例。

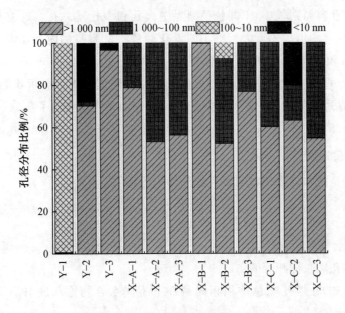

图 2.3　不同煤样的孔径分布比例

由图 2.3 可知,Y－1 试样中小孔对孔容的贡献最大,分布比例达 99.31％;Y－2 试样中大孔对孔容的贡献最大,其次是微孔,分布比例分别为 70.10％ 和 27.84％;Y－3 试样中大孔对孔容的贡献最大,占比达 96.60％,因此可以看出原煤煤样孔径分布差别较大。

综上所述,0.425 ~ 0.850 mm、0.180 ~ 0.250 mm、0.180 mm 以下型煤试样中,对孔容贡献最大的均为大孔。可以看出,对于不同粒径型煤,孔径分布以大孔为主,中孔次之,可供气体渗流区域较大,有利于瓦斯在煤体中流动和瓦斯水合物的生成。

(2) 煤样孔容特征。

图 2.4 所示为不同煤样的孔容及其均值。由图可知,原煤的总孔容值离散程度较大,最大值与最小值之间相差 0.211 2 mL/g。分析认为,煤的形成需要经历复杂的物理化学作用和漫长的地质构造活动,会导致煤自身成分和孔隙特征的巨大变化,孔隙较发育部分与孔隙发育较差部分相混合,没有明确分割线,故原煤孔隙特征测试结果具有较大离散性。

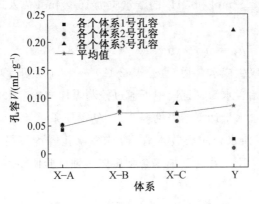

图 2.4　不同煤样的孔容及其均值

相同粒径型煤孔容差别较小,不同粒径型煤中大孔和中孔是总孔容的主要贡献者。随粒径增大,型煤总孔容均值呈先增大后减小的变化趋势。试验范围内,0.425～0.850 mm、0.180～0.250 mm 和 0.180 mm 以下煤样总孔容均值依次为 0.048 7 mL/g、0.072 8 mL/g、0.072 7 mL/g,可以看出 0.180～0.250 mm 体系总孔容均值最大。分析认为,对于较大粒径试样,在压制型煤过程中,一部分大颗粒被压碎,压碎的颗粒填充进了孔隙空间,造成了总孔容的减小,故 0.425～0.850 mm 型煤的总孔容均值要小于 0.180～0.250 mm 型煤的。

3.水合物饱和度控制

水合物饱和度是指水合物体积与煤孔隙总体积的比值,即

$$S_h = \frac{V_h}{V_m} \times 100\% \tag{2.12}$$

式中　　V_h—— 水合物体积,cm^3。

　　　　V_m—— 煤孔隙总体积,cm^3。

由式(2.12)可知,在煤孔隙总体积相同条件下不同水合物饱和度对应不同水合物体积。煤孔隙总体积计算式为

$$V_m = m_x \times \bar{V}_g \tag{2.13}$$

式中　　m_x—— 型煤试样质量,按照经验值取 260 g;

　　　　$\bar{V}_g$—— 同一粒径下三次测试孔容的平均值,mL/g。

在煤孔隙总体积已知的条件下,给定目标水合物饱和度为 20%、40%、60%、80%,则其水合物质量 m_h 计算式为

$$m_h = V_h \times \rho_h \tag{2.14}$$

式中　　V_h—— 水合物体积,cm^3;

　　　　ρ_h—— 水合物密度,假设生成的甲烷水合物为 Ⅰ 型水合物,其密度为 0.91 g/cm^3。

甲烷气体水合过程可由化学方程表示,即

$$CH_4 + nH_2O \longrightarrow CH_4 \cdot nH_2O \tag{2.15}$$

式中　　n—— 水合指数,取 6。

将 H_2O 的摩尔质量 18 g/mol 和 CH_4 的摩尔质量 16 g/mol 代入式(2.15),得到目标饱和度所需水的质量 m_w 为

$$m_w = m_h \times (6 \times 18)/(16 + 6 \times 18) \tag{2.16}$$

假设水分完全参与反应生成水合物,通过式(2.12)～(2.16)可计算给定水合物饱和度条件下完全反应所需的初始含水量。试验中可通过控制煤样初始含水量达到控制煤体内水合物饱和度的目的。初始含水量计算结果见表 2.2。基于压汞试验获得的总孔容和初始含水量计算结果,同时结合瓦斯水合防突技术背景,选择总孔容均值最大、离散程度较小的 0.180～0.250 mm 粒径作为下一步含瓦斯水合物煤体三轴试验所使用粒径。

表 2.2　初始含水量计算结果

d/mm	饱和度 S_h/%	初始含水量 q_0/g
0.425～0.850	20	1.70
	50	4.25
	80	6.79
0.180～0.250	20	2.54
	50	6.35
	80	10.16
0.180 以下	20	2.54
	50	6.34
	80	10.14

2.2.2　煤样扫描电镜分析

本节利用二次电子和能谱结合观察，研究煤样微观结构特征和相关成分信息。根据煤样扫描电镜分析结果，微裂隙附近高度差极大，故亮度差别较大，可清楚观察微裂隙位置及分布，试样表面微裂隙较多，分布密集。由高真空二次电子模式图像能谱扫描图可知，试样组成较复杂，其所含元素种类较多，以碳元素为主，同时含有氧、硅、铝、铍和钠等元素。

2.3　黑龙江新安煤矿 2# 煤层煤样微观结构测试

2.3.1　扫描电镜试验

从试样上取一定质量试样并用吸球吹取表面的残渣，放在真空高压仓内进行扫描电镜试验。具体试验过程如下：将煤样在低倍数下进行初步扫描，选取具有代表性的点进行重复扫描，分别获取不同放大倍数下的图像，发现在不失真的情况下 5 000 倍数的图像包含更多的信息，如图 2.5 所示。分别在图 2.5(a)、(b) 中取两个点进行能谱分析，结果如图 2.6 所示。

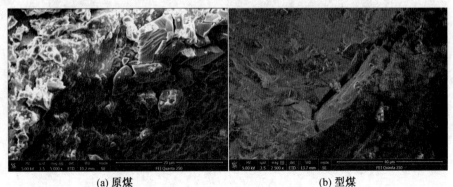

(a) 原煤　　　　　　　　　(b) 型煤

图 2.5　扫描电镜图

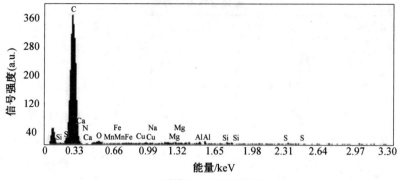

(a) 原煤点一能谱分析图

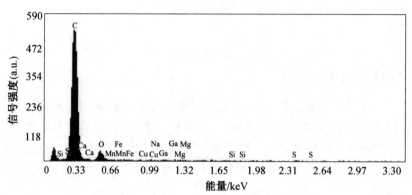

(b) 原煤点二能谱分析图

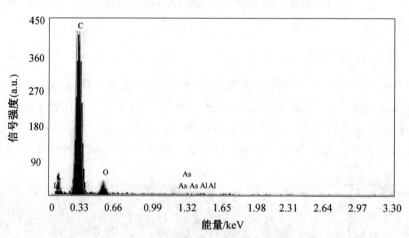

(c) 型煤点一能谱分析图

图 2.6　能谱分析图

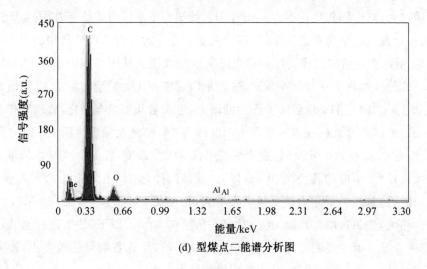

(d) 型煤点二能谱分析图

续图 2.6

由图 2.5 可知,原煤试样表面裂隙比型煤多,晶体结构较明显,由于亮度差别较大,所以裂隙附近的高度差别较大;从图 2.6 能谱分析仪对试样不同点的分析可知,煤的成分较复杂,所含元素较多,其中含量最多的是 C,其次是 Ca、Si、O、Mn、Fe、Cu、Al、S。

2.3.2　压汞试验

针对由新安煤制作的 $0.180 \sim 0.250$ mm 型煤与原煤试样,利用 Pore Master 33 型全自动压汞仪测试其孔隙结构特征,试样基本特征见表 2.3。其中,X－A 代表型煤,Y 代表原煤。所用煤的粒径为 $0.180 \sim 0.250$ mm。为了避免试样个体差异所带来的误差,在相同制样条件下,原煤和型煤煤样均取试样三个不同的部位进行三次重复试验。

表 2.3　新安煤试样基本特征

试样编号	d/mm	m/g	试样编号	d/mm	m/g
X－A－1		0.139	Y－1	—	0.200
X－A－2	$0.180 \sim 0.250$	0.150	Y－2	—	0.150
X－A－3		0.140	Y－3	—	0.276

2.3.3　结果与讨论

1.进退汞曲线分析

图 2.7(a) 所示为由新安煤样制作的型煤进退汞曲线图。从图 2.7(a) 及孔径与压力的计算可知,X－A－1 号试样在施加压力初期,进汞量几乎无变化,在 50 MPa 以后进汞量随着施加压力的增大而增大,其对应的孔径在 28 nm 以下,可知当汞进入较小孔径时需要的压力较大,该试样只有小孔和微孔;X－A－2 和 X－A－3 号试样在压汞初期,随着压力增大,

曲线斜率迅速增大,对应的孔径在 4 873 nm 以上,可知当注汞压力比较小时,汞易于进入煤的可见孔、裂隙以及大孔中。但总体来说,该样品主要存在大孔以及可见孔和裂隙。

图 2.7(b)所示为由新安煤样制作的原煤进退汞曲线图。从图 2.7(b)及孔径与压力的计算可知,Y-1 号试样在 0～130 MPa 时,进汞量随着施加压力的增大而增大,其所对应孔径在 11 nm 以上,在 130 MPa 以后随着压力的增大,进汞量几乎没有变化,故该试样只有小孔、中孔和大孔;Y-2 号试样在 0～0.55 MPa 时,进汞量有大幅度上升,对应的孔径在 2 800 nm 以上,在 0.55～140 MPa 时,进汞量几乎没有发生改变,在 140 MPa 以后进汞量随着压力的增大而增大,对应的孔径在 10 nm 以下,故该试样只有大孔和微孔;Y-3 号在 0～140 MPa 时,随着施加压力的增大进汞量缓慢增大,孔径在 10 nm 以上,在 140 MPa 以后随着施加压力的增大,进汞量增加幅度加大,对应的孔径在 10 nm 以下,故该试样微孔、小孔、中孔、大孔都有涉及。上述说明受复杂地质构造运动影响,原煤各向异性较突出,即使是取自同一块原煤的试样,其孔径分布情况的差别仍然较大。

从本次试验可以看出,型煤与原煤退汞曲线形态相似,在退汞阶段,退汞曲线近似为一条直线,说明退汞时有一些汞没有完全退出,永久性地残留在煤孔隙中,存在滞留现象。顾熠凡等采用压汞法对软、硬煤进行试验研究,在退汞曲线中发现了"滞后环"。产生上述现象的原因是:煤体结构中有一些"墨水瓶"型孔隙,当汞进入窄小孔隙时有"瓶颈"效应,导致退汞时部分汞永久性地滞留在孔隙内部无法排出。

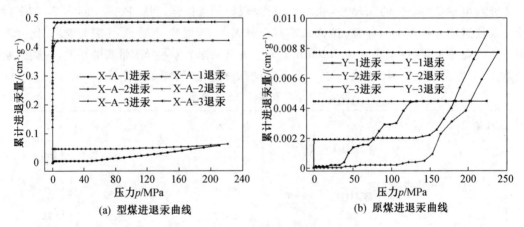

(a) 型煤进退汞曲线　　　　　　　　　(b) 原煤进退汞曲线

图 2.7　新安煤样进退汞曲线图(彩图见附录)

2.孔径分布特征

由表 2.4 和图 2.8 可知,X-A 试样,大孔平均孔隙体积为 0.312 cm³/g,其占比约 92.7%,中孔、小孔、微孔占比最少,其占比约 7.3%;Y 试样,小孔平均孔隙体积为 0.004 2 cm³/g,其占比约 43.75%,微孔平均孔隙体积为 0.003 9 cm³/g,其占比约 40.63%,大孔平均孔隙体积为 0.001 5 cm³/g,其占比约 15.63%,中孔平均孔隙体积占比为 0%。故型煤中,大孔占比最大;原煤中,小孔和微孔占比最大,大孔占比大有利于游离态瓦斯的集聚。

表 2.4　新安煤样型煤与原煤不同孔径下的孔隙体积分布

试样编号	$V/(cm^3 \cdot g^{-1})$				
	微孔	小孔	中孔	大孔	总孔隙体积
X－A－1	0.021 3	0.032 1	0.000 7	0.005 4	0.066 2
X－A－2	0	0	0.019 5	0.465 5	0.485
X－A－3	0	0	0	0.465 5	0.465 5
平均	0.007 1	0.010 7	0.006 7	0.312	0.336 5
Y－1	0	0.004 8	0	0.002 4	0.007 2
Y－2	0.005 7	0.002 4	0	0.002 1	0.010 2
Y－3	0.006	0.005 4	0	0	0.011 4
平均	0.003 9	0.004 2	0	0.001 5	0.009 6

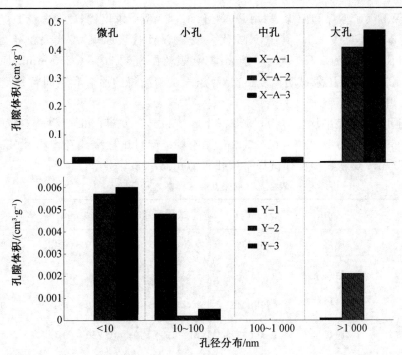

图 2.8　新安煤样型煤与原煤不同孔径下的孔隙体积分布直方图（彩图见附录）

3.比表面积

　　瓦斯气体主要以游离态和吸附态储存在煤体中,吸附态瓦斯主要吸附在煤体孔隙表面,而游离态瓦斯主要赋存在煤体孔隙及裂隙中。因此,煤体内比表面积的大小对吸附态瓦斯含量起着至关重要作用,孔隙体积的大小对游离态瓦斯含量起着至关重要作用。根据图 2.9 可知原煤试样比型煤试样的比表面积大,即原煤试样有利于瓦斯的吸附。

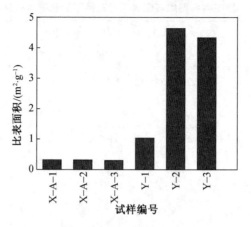

图 2.9　　型煤与原煤试样煤体比表面积直方图

2.4　黑龙江省东保卫煤矿型煤孔隙特征

针对东保卫煤矿型煤和原煤,利用 Pore Master 33 型压汞仪,测试型煤及原煤孔隙结构特征,试样基本特征见表 2.5。其中,XM 代表型煤,YM 代表原煤,A 代表粒径为 0.425 ～ 0.850 mm,B 代表粒径为 0.250 ～ 0.425 mm,C 代表粒径为 0.180 ～ 0.250 mm。原煤以及不同煤粉粒径制备的型煤压汞试验重复三次,经压汞试验测得的原煤和不同粒径型煤的孔容统计在表 2.5 中。

由表 2.5 可知,原煤平均孔容为 0.003 cm^3/g。0.425 ～ 0.850 mm 煤粉粒径型煤试样平均孔容为 0.069 cm^3/g。0.250 ～ 0.425 mm 煤粉粒径型煤试样平均孔容为 0.056 cm^3/g。0.180 ～ 0.250 mm 煤粉粒径型煤试样平均孔容为 0.067 cm^3/g。

表 2.5　东保卫煤试样基本特征

试样编号	d/mm	V_m/(cm^3·g^{-1})	试样编号	d/mm	V_m/(cm^3·g^{-1})
YM－1	原煤	0.002	XM－B－1	0.250 ～ 0.425	0.058
YM－2	原煤	0.003	XM－B－2	0.250 ～ 0.425	0.067
YM－3	原煤	0.004	XM－B－3	0.250 ～ 0.425	0.042
YM(平均值)	原煤	0.003	XM－B(平均值)	0.250 ～ 0.425	0.056
XM－A－1	0.425 ～ 0.850	0.031	XM－C－1	0.180 ～ 0.250	0.060
XM－A－2	0.425 ～ 0.850	0.079	XM－C－2	0.180 ～ 0.250	0.067
XM－A－3	0.425 ～ 0.850	0.097	XM－C－3	0.180 ～ 0.250	0.073
XM－A(平均值)	0.425 ～ 0.850	0.069	XM－C(平均值)	0.180 ～ 0.250	0.067

不同煤粉粒径型煤和原煤进退汞曲线如图 2.10 所示,由图 2.10 可知,不同型煤和原煤进汞曲线趋势基本一致,曲线垂直上升后又以直线方式向右延伸,所有试样的退汞曲线都是

一条直线。分析注汞压力与注入汞体积之间的关系曲线,得到表征煤样孔隙特征的参数。孔隙分类方法众多,本节采用的是霍多特分类法。原煤及型煤孔径分布统计在表 2.6 中,由表 2.6 可知,原煤三次压汞试验孔径分布差别较大,原因在于受复杂地质构造运动影响,原煤各向异性较突出。0.425 ~ 0.850 mm 型煤中大孔和中孔对孔容的贡献最大;0.250 ~ 0.425 mm 型煤中大孔和中孔对孔容贡献最大,小孔和微孔贡献较小;0.180 ~ 0.250 mm 型煤中只有大孔和中孔对孔容有贡献。对型煤试样进行压汞试验,可以得到型煤的孔容。制备不同型煤试样所需的煤粉质量已知,同时依据压汞试验得到的孔容参数可以得到不同煤粉粒径型煤的孔隙总体积。

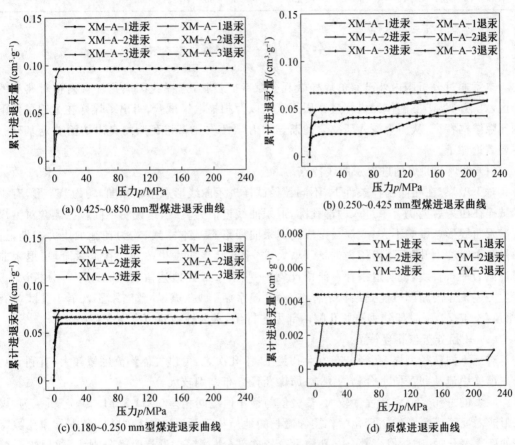

图 2.10　东保卫煤试样进退汞曲线(彩图见附录)

表 2.6　东保卫煤试样孔径分布

试样编号	孔径占比 /%	大孔 /%	中孔 /%	小孔 /%	微孔 /%
YM－1	原煤	40	20	0	40
YM－2	原煤	0	100	0	0
YM－3	原煤	4.55	0	95.45	0
XM－A－1	0.425 ~ 0.850	23.75	76.75	0	0
XM－A－2	0.425 ~ 0.850	62.72	37.28	0	0
XM－A－3	0.425 ~ 0.850	83.39	16.61	0	0

试样编号	孔径占比 /%	大孔 /%	中孔 /%	小孔 /%	微孔 /%
XM－B－1	0.250～0.425	25.65	15.25	28.94	30.16
XM－B－2	0.250～0.425	31.96	44.34	10.86	12.84
XM－B－3	0.250～0.425	32.38	54.29	13.33	0
XM－C－1	0.180～0.250	54.68	45.32	0	0
XM－C－2	0.180～0.250	31.28	67.97	0.75	0
XM－C－3	0.180～0.250	41.28	58.72	0	0

2.5　本章小结

本章通过分析国内外已有的煤样微观孔隙特征资料,选择我国黑龙江省内相对典型的矿区,对不同煤矿下制作的煤样进行压汞试验以及扫描电镜试验,得出了煤样在微观条件下的孔隙结构特征,从而为深入研究含瓦斯煤的力学性质和煤与瓦斯的突出防治奠定基础。主要结论如下。

(1)型煤与原煤的进退汞曲线特点。

对于型煤,在相同制样条件下,不同粒径试样进汞曲线形态基本相同,均为"Γ"形,有少量试样在压汞后期仍有汞进入内部孔隙,退汞曲线近似为直线,这说明不同粒径煤粒对型煤进退汞曲线形态影响不大;原煤与型煤的退汞曲线形态基本一致,均为在施加压力初期,进汞量有大幅度上升,而随着压力的继续增大,进汞量几乎未发生改变。在退汞阶段,退汞曲线近似为一条直线,说明退汞存在滞留现象,一些汞永久性地残留在煤孔隙中。分析认为,产生上述现象的原因可能是结构中存在一些"墨水瓶"型孔隙,导致当汞压入窄小孔隙时有"瓶颈"效应,退汞时部分汞滞留孔隙内部无法排出,永久性地残留在煤孔隙中。

(2)孔径分布与孔容特征。

对于不同粒径型煤,孔径分布以大孔为主,中孔次之,可供气体渗流区域较大,有利于瓦斯在煤体中流动和瓦斯水合物的生成;原煤孔径分布差别较大。

原煤的总孔容值离散程度较大,最大值与最小值之间相差0.211 2 mL/g。分析认为,煤的形成需要经历复杂的物理化学作用和漫长的地质构造活动,会导致煤自身成分和孔隙特征的巨大变化,孔隙较发育部分与孔隙发育较差部分相混合,没有明确分割线,故原煤孔隙特征测试结果具有较大离散性;相同粒径型煤孔容差别较小,不同粒径型煤中大孔和中孔是总孔容的主要贡献者。随粒径增大,型煤总孔容均值呈先增大后减少的变化趋势。

0.180～0.250 mm体系总孔容均值最大,分析认为,对于较大粒径试样,在压制型煤过程中,一部分大颗粒被压碎,压碎的颗粒填充进了孔隙空间,造成了总孔容的减小,故0.425～0.850 mm型煤的总孔容均值要小于0.180～0.250 mm型煤的。

(3)扫描电镜试验。

原煤试样表面裂隙比型煤多,晶体结构较明显,由于亮度差别较大,所以裂隙附近的高度差别较大;煤的成分较复杂,所含元素较多,其中含量最多的是C,其次是Ca、Si、O等。

第 3 章　　常规三轴条件下含瓦斯水合物煤体力学性质研究

3.1　　研究内容

采用自主研制的一套融合瓦斯水合固化反应和三轴压缩荷载作用于一体的试验装置,测量含瓦斯水合物煤体的力学特性,分析其应力－应变曲线特性,获得含瓦斯水合物煤体的破坏强度和割线模量与水合物类型、围压、饱和度及煤质之间的关系,并基于莫尔－库仑强度理论分析含瓦斯水合物煤体的内摩擦角和黏聚力等强度参数,以及强度参数对强度的影响。

1.低围压条件下含瓦斯水合物煤体强度变形特性

（1）瓦斯水合物晶体类型对含瓦斯水合物煤体力学性质影响的试验研究。

瓦斯水合物有三种晶体类型: Ⅰ 型、Ⅱ 型和 H 型,气样构成控制着水合物晶体类型。由于煤层赋存瓦斯的组分、浓度等差异影响瓦斯水合物类型,进而影响含水合物煤体强度性质。本章开展了晶体类型对含瓦斯水合物煤体力学性质影响的研究。

（2）瓦斯水合物饱和度对含瓦斯水合物煤体力学性质影响的试验研究。

含水合物煤体在理论上由水合物－煤介质体系构成,然而因瓦斯赋存量、注水量、水合物含气率等影响,会出现瓦斯气体－水－煤体－水合物四种介质构成的复杂体系,即出现不同饱和度状态。本章开展了饱和度对含瓦斯水合物煤体力学性质影响的研究。

（3）基于三轴试验结果,本章建立了不同围压与饱和度下的含瓦斯水合物煤体复合指数模型,将模型曲线计算值与实测值进行了拟合对比及修正。

2.高饱和度条件下含瓦斯水合物强度变形特性

（1）围压和饱和度对含瓦斯水合物煤体力学性质影响的试验研究。

围压对含瓦斯水合物煤体的力学性质有一定的影响,故本章开展了不同围压下含瓦斯水合物煤体的强度特性变化规律的研究。利用水合固化技术在煤体中生成水合物时,煤体中瓦斯水合物的饱和度有所不同,故本章开展四个饱和度下含瓦斯水合物煤体的强度特性研究。

（2）煤质对含瓦斯水合物煤体强度特性影响的试验研究。

由于煤质不同,煤体在受到外力作用时所呈现的力学特性也有所不同,本章选取两种不同的煤质,通过水合固化技术在其内部形成瓦斯水合物,利用三轴压缩设备进行不同煤质的含瓦斯水合物煤体力学试验,以获得煤质与含瓦斯水合物煤体强度特性的关系。

3.2　　试验材料与设备及试验方案与步骤

3.2.1　　试验材料

试验过程中用到的煤样采自双鸭山市七星矿和七台河市桃山矿,均为煤与瓦斯突出危险性矿井(曾经发生过煤与瓦斯突出事故);试验中使用的气样由哈尔滨通达气体有限公司提供,试验用瓦斯气样组分:99.9%(体积分数,下同)CH_4,蒸馏水自制。

3.2.2　试验设备

为满足研究含瓦斯水合物煤体强度性质的需要,采用自主设计的一套集瓦斯水合固化高压反应和三轴压缩荷载作用于一体的试验装置,如图3.1所示,其具备水合固化与原位三轴荷载试验等功能。

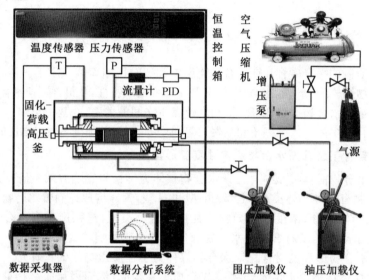

(a) 试验设备示意图

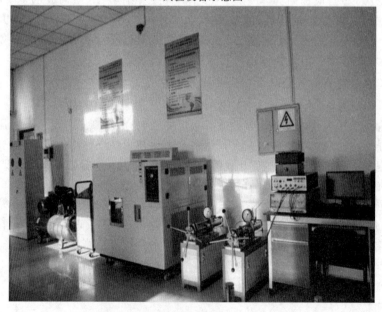

(b) 试验设备实物图

图 3.1　含瓦斯水合物煤体力学性质原位测试装置

（1）岩心夹持器。

试验系统的核心是多功能岩心夹持器。该夹持器的具体参数为轴压 0～80 MPa，围压 0～40 MPa，气体压力 0～16 MPa，适用于 ϕ50 mm×（70～100）mm 的煤岩试样。夹持器的上下堵头采用高强度不锈钢材料制成，它首先是试验中的气流通道，用于完成基本的渗透试验。上堵头为螺纹调节柱塞，下堵头为液压调节，并与不同的垫块一起，来适应不同的岩心长度，保证装夹在夹持器中的岩心牢固可靠；下堵头在液压的作用下，为岩心提供轴向压力，如图 3.2 所示。夹持器外围有围压加压孔，可由增压泵来提供围压压力，具体数值可由计算机采集处理。

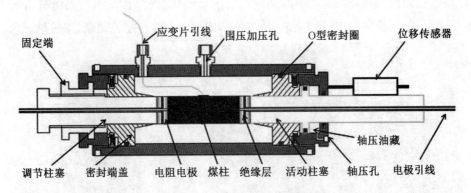

图 3.2　多功能岩心夹持器

（2）高低温恒温控制箱。

水合物在生成过程中受温度影响大，这就要求系统温度的精确测量与控制，因此定制了高精度高低温恒温控制箱，如图 3.3 所示。该设备温度最低达 -20 ℃，最高达 60 ℃；温度波动范围在 0.5 ℃ 以内；温度均匀度在 ±1.8 ℃ 范围内；升、降温速率，升温 ≥2～3 ℃/min，降温 ≥1.0 ℃/min；低能耗，高亮度 LED 显示，SP、PV 双窗口显示，轻触按键操作，PID 调节方式，具备智能过载保护功能；采用 PT100 热电偶温度传感器；200 ms 的采样周期和 0.3% 的输入精度可完成试验过程中所需升降温的精密控制。

图 3.3　高低温恒温控制箱

（3）压力控制及加载系统。

气体增压系统由气瓶、防爆气体增压泵、空气压缩机、超高压管线及管阀组成。空气压缩机为台湾捷豹生产的 ET－80 型风冷微油润滑压缩机，功率为 5.5 kW，为防爆气体增压泵，在压力额定范围内可任意调控输出，如图 3.4 所示。试验系统配备两支高精度 huba 压力传感器，测压范围分别为 0～25 MPa 和 0～40 MPa，信号输出为 4～20 mA，测量精度为 ±0.01 MPa，压力信号通过数据采集系统储存在计算机中，并在外置显示屏上实时显示。采用 PT100 热电偶温度传感器进行温度测量。

力学压缩试验的围压加载和轴压加载过程由手动增压泵完成，压力数据测量由压力传感器、数据采集器、工控机协作共同完成，轴向位移数据由位移传感器测量、工控机记录。

(a) 空气压缩机　　　　　　　　　　　　　(b) 气体增压泵

图 3.4　　气体增压装置

3.2.3　试样制备

本试验将新安煤矿采回的煤样经破碎、筛分、压制、烘干后制成型煤试样，如图 3.5 所示，具体制备步骤如下所述。

（1）将原始煤块用粉碎机粉碎，粉碎后的煤粉装入筛分机，筛得 60～80 目煤粉。

（2）取一定量煤粉与蒸馏水混合均匀后放入模具中，在压力机上施加 97 kN 的压力将试样压制成 $\phi50$ mm×100 mm 的型煤并保持 180 min。

（3）待压制结束后，将成型饱和水型煤取出，放入恒温干燥箱内，恒温干燥箱温度设定为 50 ℃，每隔 30 min 取出煤样称量，当煤样质量接近预定值时，缩短称量间隔时间，直至煤样质量达到预定值，取出并用塑料薄膜紧密包裹后密封，以防止试样水分的散失和外界的补给。试样取出后，直接放入三轴室内开始试验。

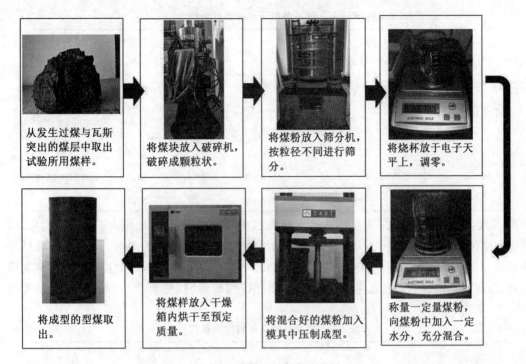

图 3.5　型煤试样制备流程图

3.2.4　试验方案

考虑到原煤试件加工难度大,力学特性离散度较大,本试验采用型煤试件。虽然型煤试件与原煤试件在力学强度大小上存在一定的差异,但两种煤岩的变形特性和抗压强度的变化规律是一致的,因此,用型煤试件研究含瓦斯水合物煤体力学性质是可行的。本章将采自不同煤矿矿井的煤粉制作成型煤,利用自主设计的一套集瓦斯水合固化高压反应和三轴压缩荷载作用于一体的试验装置,进行低围压条件和较高围压条件下含瓦斯水合物煤体常规三轴试验研究。

首先,以七星矿型煤为研究对象,在型煤中通入不同瓦斯气样(气样 A 为 99.99%CH_4;气样 B 为 70% CH_4,10%C_3H_8,12%N_2,5%CO_2,3%O_2),通过拉曼光谱测试,发现气样 A 形成 I 型结构水合物,气样 B 形成 II 型结构水合物,进而探讨不同晶体类型和有效围压对含瓦斯水合物煤体力学性质的影响,试验参数见表 3.1。通过不同含水率的型煤试样,在低温高压下生成不同饱和度(25%、50%、80%)的水合物,研究饱和度和有效围压对含瓦斯水合物煤体力学性质的影响,试验参数见表 3.2。值得注意的是,因为预制型煤试样时,不能保证每次水量和煤粉的控制完全相同,所以实际饱和度和目标饱和度存在差异,但是总体的波动范围较小,在 10% 以内。在上述有效围压和饱和度条件下进行瓦斯水合物生成对煤体强度特征影响试验研究,瓦斯压力为 4.0 MPa,见表 3.3。

表 3.1　　试验参数及煤样物性参数 1

晶体类型（气样）	煤样编号	围压/MPa	直径/mm	高度/mm	煤样质量/g	孔隙率/%	水合物饱和度/%
	1－1	1	50	100.39	228.4	34.11	59.14
SI(A)	1－2	2	50	101.12	230.7	33.96	58.06
	1－3	3	50	101.90	230.9	33.57	61.08
	2－1	1	50	99.41	227.1	35.69	58.96
SII(B)	2－2	2	50	100.08	228.7	34.01	57.63
	2－3	3	50	101.96	231.2	33.53	59.61

　　其次,设定 4.0 MPa、5.0 MPa 和 6.0 MPa 三种不同围压条件,以桃山矿为研究对象,探讨饱和度(50%、60%、70%、80%)对含瓦斯水合物煤体强度特性的影响,见表 3.4,煤样参数见表 3.5;在上述相同围压,饱和度分别为 60% 和 80% 的条件下,以七星矿和桃山矿为研究对象,探讨不同煤质对含瓦斯水合物煤体强度特性的影响,见表 3.6,煤样物性参数见表3.7。

表 3.2　　试验参数及煤样物性参数 2

煤样编号	围压/MPa	直径/mm	高度/mm	煤样质量/g	孔隙率/%	水合物饱和度/%
3－1	1	50	101.38	229.8	35.08	25.4
3－2	2	50	102.70	230.5	34.96	25.7
3－3	3	50	103.24	234.1	34.86	25.9
4－1	1	50	99.75	230.4	34.80	50.7
4－2	2	50	103.02	234.1	33.08	51.0
4－3	3	50	102.80	235.6	33.69	51.9
5－1	1	50	100.25	230.7	33.74	76.1
5－2	2	50	97.85	227.3	32.07	79.1
5－3	3	50	98.26	230.5	32.91	76.7

表 3.3 瓦斯水合物生成对煤体强度特性影响的试验方案

煤样来源	煤粉质量/g	瓦斯压力/MPa	温度/℃	注水量/g（饱和度/%）	围压/MPa
				7.65/25	1.0
					2.0
					3.0
七星矿	220	4.0	0.5	15.3/50	1.0
					2.0
					3.0
				24.5/80	1.0
					2.0
					3.0

表 3.4 围压与饱和度对含瓦斯水合物煤体强度特性影响的试验方案

煤样来源	煤粉质量/g	瓦斯压力/MPa	温度/℃	注水量/g（饱和度/%）	围压/MPa
				19.53/50	4.0
					5.0
					6.0
				23.42/60	4.0
					5.0
					6.0
桃山矿	266	4.0	0.5	27.32/70	4.0
					5.0
					6.0
				31.23/80	4.0
					5.0
					6.0

表 3.5　桃山矿型煤煤样参数

煤样编号	围压/MPa	直径/mm	高度/mm	注水量/g	目标饱和度/%
1－1	4.0	50	101		
1－2	5.0	50	101	19.52	50
1－3	6.0	50	99		
2－1	4.0	50	100		
2－2	5.0	50	102	23.42	60
2－3	6.0	50	102		
3－1	4.0	50	101		
3－2	5.0	50	101	27.32	70
3－3	6.0	50	102		
4－1	4.0	50	101		
4－2	5.0	50	102	31.23	80
4－3	6.0	50	101		

表 3.6　煤质对含瓦斯水合物煤体强度特性影响的试验方案

煤样来源	煤粉质量/g	饱和度/%	温度/℃	瓦斯压力/MPa	注水量/g	围压/MPa
桃山矿	266	60			23.42	4.0
						5.0
						6.0
		80			31.23	4.0
						5.0
			0.5	4.0		6.0
七星矿	220	60			18.38	4.0
						5.0
						6.0
		80			24.50	4.0
						5.0
						6.0

表 3.7　不同矿区煤样物性参数

煤样编号	围压/MPa	直径/mm	高度/mm	矿区	煤粉质量/g	注水量/g	理论饱和度/%
2-1	4.0	50	100				
2-2	5.0	50	102			23.42	60
2-3	6.0	50	102	桃山矿	266		
4-1	4.0	50	101				
4-2	5.0	50	101			31.23	80
4-3	6.0	50	101				
5-1	4.0	50	102				
5-2	5.0	50	100			18.38	60
5-3	6.0	50	101	七星矿	220		
6-1	4.0	50	99				
6-2	5.0	50	98			24.50	80
6-3	6.0	50	101				

3.2.5　试验步骤

试验分为两个部分,即煤体中瓦斯水合物生成试验和含瓦斯水合物煤体三轴压缩试验。瓦斯水合物围压和饱和度分别为 1 MPa、2 MPa、3 MPa、4 MPa、5 MPa、6 MPa 和 25%、50%、80%,50%、60%、70%、80%。

具体的试验步骤如下。

(1) 取制备好的煤样,煤样侧面用 75% 的酒精清洗干净,用 502 胶水将应变片贴好,确保应变片与煤样表面接触紧密,并在煤样侧面对称贴两组应变片。用胶布把漆包丝固定在煤样表面,最后用 704 硅橡胶在煤样侧面抹一层 1 mm 左右的胶层。

(2) 把试样安装到压力室透气钢板上,使其与上下压头对齐,裹上热缩管,并用电吹风将热缩管均匀吹紧,保证热缩管与煤样侧面接触紧密。然后用 2 个扎带将上下两端的热缩管分别紧紧箍在上下 2 个压头上,最后用 704 硅橡胶密封好热缩管两端的缝隙,连接好漆包丝与外部导线。

(3) 安装好三轴压力室,拧紧螺丝,并将之嫁接到三轴压力室上。连接好动态应变仪、瓦斯通道和流量计,启动液压油泵开始加压,待围压稳定后,打开减压阀往煤样中通入瓦斯气体,待瓦斯吸附平衡后,便可开始试验。

(4) 按照试验需要将试验系统用耐高压管线、阀门以及数据采集线连接,利用氮气验证气体管路气密性。

(5) 将型煤试件置于压力室中,缓慢加载围压至 0.5 MPa,再通过进气管路向煤体中通入 0.3 MPa 气体,保持围压不变,排空煤体中的瓦斯气体,反复冲洗 3 次,以排掉试样和管线里的空气。

（6）在保持围压始终大于孔隙压力的条件下，将围压、孔隙压力分别升到 4.5 MPa、4.0 MPa，持续 12 h，保持压力稳定并持续 24 h，使气体充分吸附在煤样中。

（7）吸附完成后，将反应釜内部温度降低至 0.5 ℃ 以进行水合反应，并保持孔隙压力为 4.0 MPa，当系统压力不再变化且持续 48 h 时，认为水合物完全生成。

（8）试样中瓦斯水合物完全生成后，开始进行三轴压缩试验，调整围压至 4.0 MPa，保持瓦斯压力不变，然后施加轴压直至轴向位移达到 16 mm 以上时，终止试验。

重复（5）至（8）试验步骤，根据试验设计改变围压的大小，进行下一组含瓦斯水合物煤体三轴压缩对比试验。

3.2.6　理论瓦斯水合物饱和度

瓦斯水合物饱和度是指固体水合物体积占型煤试样孔隙总体积的比值。瓦斯水合物饱和度计算公式如下：

$$S_h = \frac{V_m}{V_c} \times 100\% = \frac{m_h/\rho_h}{m_c v_g} \times 100\% \qquad (3.1)$$

式中　　S_h——水合物饱和度；

　　　　V_m——瓦斯水合物体积；

　　　　V_c——型煤孔隙总体积；

　　　　m_h——瓦斯水合物质量；

　　　　ρ_h——瓦斯水合物密度；

　　　　m_c——烘干 4 h 的型煤质量；

　　　　v_g——孔容。

由式（3.1）可知，由给定水合物饱和度可以计算得到水合物质量。

瓦斯水合物生成反应式如下：

$$CH_4 + n_H H_2O \Longrightarrow CH_4 \cdot n_H H_2O \qquad (3.2)$$

式中　　n_H——水合指数，假设平均水合指数为 6。

H_2O 的摩尔质量为 18 g/mol，CH_4 的摩尔质量为 16 g/mol，根据式（3.2）可以得到水合物质量，由式（3.3）可计算得到水的质量：

$$m_w = m_h(6 \times 18)/(16 + 6 \times 18) \qquad (3.3)$$

式中　　m_w——水的质量。

3.3　低围压条件下含瓦斯水合物煤体强度及变形性质

3.3.1　晶体类型对含瓦斯水合物煤体力学性质的影响

瓦斯是一种以烷烃为主的多组分混合烃类干气，其中烃类气体包含 CH_4（占绝大多数）、C_2H_6、C_3H_8 和 C_4H_{10}，非烃类气体包含 NH_3、CO_2、CO 和 H_2S 等。由于煤层赋存瓦斯的组分、浓度等差异影响瓦斯水合物类型，进而影响含瓦斯水合物煤体的力学特性，为研究晶体类型对含瓦斯水合物煤体力学性质的影响，选用两种多组分瓦斯混合气样，在 3 种不同围压下进行三轴压缩试验。试验中使用的气样由哈尔滨黎明气体有限公司提供。气样组分

A：99.99％CH_4；气样组分 B：70％ CH_4、10％ C_3H_8、12％ N_2、5％ CO_2、3％ O_2。

1.含不同晶体类型瓦斯水合物煤体应力－应变曲线特征

图 3.6 所示为不同含瓦斯水合物煤体在不同围压下的应力－应变关系曲线。从图中可以得出,不同含瓦斯水合物煤体的应力－应变关系都呈现为应变硬化型,且在不同条件下应力－应变曲线都呈现典型的双曲线。曲线可分为 3 个阶段:弹性阶段、屈服阶段和强化阶段。对于弹性阶段,偏应力随着轴向应变的增大迅速增长,应力－应变曲线呈近似直线;对于屈服阶段,轴向应变量随围压增加而增加,说明围压增加使含瓦斯水合物煤体塑性变形能力增强;对于强化阶段,偏应力保持缓慢增加,表现为塑性变形。

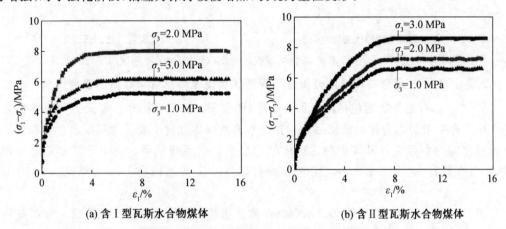

(a) 含 Ⅰ 型瓦斯水合物煤体　　　　　　(b) 含 Ⅱ 型瓦斯水合物煤体

图 3.6　含 Ⅰ 型和 Ⅱ 型瓦斯水合物煤体在不同围压下的应力－应变关系曲线

2.晶体类型对含瓦斯水合物煤体的破坏强度和割线模量的影响

本节中破坏强度 σ_f 取轴向应变达到15％时的应力(因大部分含瓦斯水合物煤体力学试验中应力－应变曲线都没有应力最大值,破坏强度无法根据最大应力值确定,所以破坏强度取应变达到15％时的应力),变形模量取偏应力达到50％破坏强度值时所对应的割线模量 E_{50}。表 3.8 为含不同类型水合物煤样力学试验结果。

表 3.8　含不同类型水合物煤样力学试验结果

试验体系	煤样编号	σ_3/MPa	σ_f/MPa	E_{50}/MPa	φ/(°)	c/MPa
	1－1	1	5.2	608		
Ⅰ	1－2	2	6.2	624	23.5	1.28
	1－3	3	7.9	645		
	2－1	1	6.6	197		
Ⅱ	2－2	2	7.2	228	18.6	2.02
	2－3	3	8.5	231		

图 3.7 所示为含不同类型瓦斯水合物煤体破坏强度和割线模量 E_{50} 随围压变化的关系。对于同一种瓦斯水合物,煤体的破坏强度与围压呈正相关关系,且围压越高破坏强度增长速率越快,但其 E_{50} 随着围压的增加只是略有提升;在同一围压下,含 Ⅱ 型瓦斯水合物煤体的破坏强度和 E_{50} 明显高于含 Ⅰ 型瓦斯水合物煤体,从二者 E_{50} 的差别中可以得出含 Ⅱ 型瓦斯水合物煤体抵抗变形的能力要高于含 Ⅰ 型瓦斯水合物煤体。

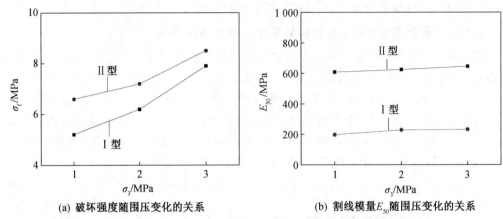

(a) 破坏强度随围压变化的关系　　　　　(b) 割线模量E_{50}随围压变化的关系

图 3.7　含不同类型瓦斯水合物煤体破坏强度、割线模量 E_{50} 随围压变化的关系

3.基于莫尔－库仑破坏准则分析含不同晶体类型瓦斯水合物煤体的强度性质

莫尔－库仑破坏准则包括两个重要参数,即黏聚力和内摩擦角。黏聚力是由颗粒之间的排斥力和吸引力综合作用的结果。含瓦斯水合物煤体强度主要是由瓦斯水合物和煤的固体颗粒之间的黏聚力以及煤颗粒之间的摩擦力综合作用的结果。莫尔圆与库仑准则相一致,库仑准则有:$\tau = c + \sigma \tan \varphi$,其中,$\tau$ 为剪切强度,σ 为法向应力,c 为黏聚力,φ 为内摩擦角。

图 3.8 所示为含不同类型瓦斯水合物煤体莫尔圆和包络线与围压的关系。根据莫尔圆得到含 Ⅰ、Ⅱ 型瓦斯水合物煤体的黏聚力 c 分别为 1.28 MPa 和 2.02 MPa,内摩擦角 φ 分别为23.5°和18.6°。可得出含 Ⅰ 型瓦斯水合物煤体的黏聚力要小于含 Ⅱ 型瓦斯水合物煤体,但内摩擦角却大于含 Ⅱ 型瓦斯水合物煤体,说明 Ⅰ 型瓦斯水合物对煤体的胶结作用小于 Ⅱ 型瓦斯水合物,但摩擦阻力要大于含 Ⅱ 型瓦斯水合物煤体。

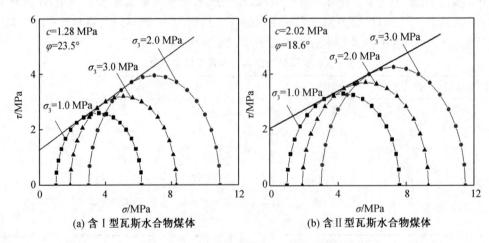

(a) 含Ⅰ型瓦斯水合物煤体　　　　　(b) 含Ⅱ型瓦斯水合物煤体

图 3.8　含 Ⅰ 型和 Ⅱ 型瓦斯水合物煤体莫尔圆和包络线与围压的关系

3.3.2　饱和度对含瓦斯水合物煤体力学性质的影响

含瓦斯水合物煤体在理论上由瓦斯水合物－煤介质体系构成,实则因瓦斯赋存量、注

水量、水合物含气率等多种因素影响会出现瓦斯气体－水－煤体－水合物4种介质构成的复杂体系,会出现不同水合物饱和度状态,直接影响含瓦斯水合物煤体的力学特性。为研究饱和度对含瓦斯水合物煤体力学性质的影响,设定瓦斯水合物饱和度分别为25%、50%和80%,分别在3个不同围压下进行三轴压缩试验。试验中使用的气样由哈尔滨黎明气体有限公司提供,气样组分:99.99% CH_4。

1.不同饱和度含瓦斯水合物煤体应力－应变曲线特征

图3.9所示为不同饱和度含瓦斯水合物煤体在不同围压下的应力－应变关系曲线。由图得出,含瓦斯水合物煤体应力－应变曲线绝大部分属于双曲线型,但破坏过程与围压、饱和度有关。应力－应变曲线特征表现为塑性变形,在低围压条件下呈现应变软化,在高围压条件下呈现应变硬化。因为在低围压时,煤颗粒间的胶结作用因瓦斯水合物的存在而提高,随着围压的增加,煤颗粒之间胶结作用逐渐被破坏,丧失胶结强度,但煤颗粒间的咬合力仍受到残留的瓦斯水合物颗粒的影响,所以含瓦斯煤体在低围压下表现为应变软化,但在高围压下表现为应变硬化。

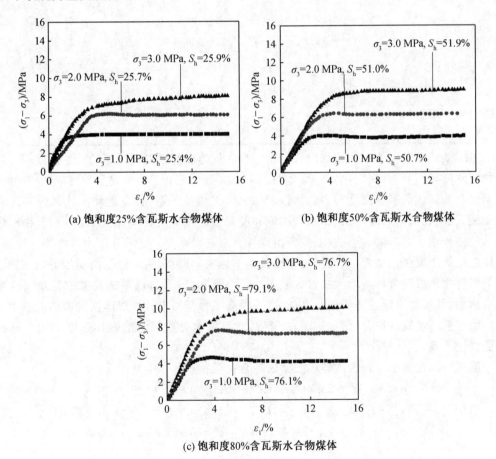

图 3.9　不同饱和度含瓦斯水合物煤体在不同围压下的应力－应变关系曲线

由材料力学中材料应力－应变曲线的研究方法,可将含瓦斯水合物煤体的应力－应变曲线大致分为以下3个阶段:第一阶段为准弹性变形阶段,此阶段的应变随应力几乎呈线性增加,偏应力随着轴向应变的增大迅速增长;第二阶段为应变硬化阶段,此阶段试样的变形包括弹性变形与塑性变形,并以塑性变形为主,同时随着应变增加弹性变形逐渐减少,塑性变形增加,而且随变形的增加所需的应力增量越来越小;第三阶段为破坏阶段,这一阶段应力发生微量变化时变形增量就加大,说明此阶段荷载稍有增加试样变形就急剧增加,试件已经进入完全破坏状态。

2.饱和度对含瓦斯水合物煤体的破坏强度和割线模量的影响

本文中破坏强度取应变达到 15% 时的应力,变形模量取偏应力达到 50% 破坏强度值时所对应的割线模量 E_{50}。表 3.9 为不同饱和度含瓦斯水合物煤样力学试验结果。

表 3.9　　不同饱和度含瓦斯水合物煤样力学试验结果

煤样编号	σ_3/MPa	$\sigma_\mathrm{f}/\mathrm{MPa}$	E_{50}/MPa	c/MPa	$\varphi/(°)$
3 $-$ 1	1	4.0	167		
3 $-$ 2	2	6.1	176	0.64	30.1
3 $-$ 3	3	8.1	270		
4 $-$ 1	1	4.2	191		
4 $-$ 2	2	6.5	196	0.51	32.6
4 $-$ 3	3	9.0	272		
5 $-$ 1	1	4.7	211		
5 $-$ 2	2	7.6	218	0.55	34.2
5 $-$ 3	3	10.1	308		

图 3.10(a) 所示为不同饱和度含瓦斯水合物煤体破坏强度与围压的关系曲线图。当水合物饱和度相同时,含瓦斯水合物煤体的破坏强度与围压呈正相关关系。当围压相同时,含瓦斯水合物煤体的破坏强度与水合物饱和度也呈正相关关系,且高饱和度比低饱和度相关性更强,说明在低饱和度时,瓦斯水合物饱和度对破坏偏应力影响不大,瓦斯水合物对煤颗粒的胶结作用小,煤体的破坏强度主要由煤体骨架强度承担。随着瓦斯水合物饱和度提高,煤体的破坏强度明显增大,且围压越高增长速率越快,分析认为可能是高围压下煤颗粒以及瓦斯水合物颗粒咬合作用增大所致。随着水合物饱和度增加,煤骨架孔隙中瓦斯水合物占比也增加,并胶结于颗粒之间,在一定程度上提高了含瓦斯水合物煤体抵抗破坏的能力。对试验数据进一步线性拟合(图 3.11(a))可知,含瓦斯水合物煤体的破坏强度与围压具有良好的线性关系。

围压与含瓦斯水合物煤体破坏强度的拟合关系:

$$(\sigma_1 - \sigma_3)_\mathrm{m} = 2.030\sigma_3 + 2.040 \quad R^2 = 0.994\ 9\ (S_\mathrm{h} = 25\%)$$

$$(\sigma_1 - \sigma_3)_\mathrm{m} = 2.395\sigma_3 + 1.622 \quad R^2 = 0.999\ 9\ (S_\mathrm{h} = 50\%)$$

$$(\sigma_1 - \sigma_3)_\mathrm{m} = 2.705\sigma_3 + 2.066 \quad R^2 = 0.994\ 6\ (S_\mathrm{h} = 80\%)$$

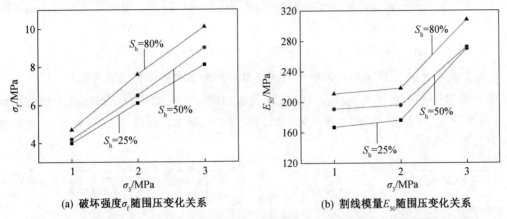

(a) 破坏强度σ_f随围压变化关系　　　(b) 割线模量E_{50}随围压变化关系

图 3.10　不同饱和度下含瓦斯水合物煤体破坏强度σ_f、割线模量E_{50}随围压变化关系

图 3.10(b) 所示为含瓦斯水合物煤体割线模量E_{50}与围压的关系曲线图。当水合物饱和度相同时，割线模量E_{50}随围压增加呈现先增长速率较慢后增长速率加快的趋势。在围压恒定时，含瓦斯水合物煤体的割线模量E_{50}与瓦斯水合物饱和度呈正相关关系。在低水合物饱和度时，试样变形主要源于煤颗粒间的旋转滑移，瓦斯水合物的存在对于抵抗变形没有起到显著的作用；在高水合物饱和度时，瓦斯水合物填充煤颗粒的孔隙，胶结于煤颗粒之间，成为主要持力体，对抵抗试样变形起到了显著的作用，所以E_{50}随着瓦斯水合物饱和度的提高而增大。在高围压时，随着瓦斯水合物胶结作用的失效，围压的约束作用再次占主导地位，E_{50}大幅度提高，因此出现E_{50}随围压增加呈现先小幅度增长后大幅度提高的趋势。

图 3.11(b) 所示为不同围压下含瓦斯水合物煤体的弹性模量E与水合物饱和度S_h的关系曲线图。由图可得，各围压下，含瓦斯水合物煤体的弹性模量E随水合物饱和度S_h的增加而增大。对试验数据线性拟合发现，当围压为 1 MPa 与 3 MPa 时，弹性模量E与水合物饱和度S_h具有较好的线性关系；当围压为 2 MPa 时，弹性模量E与水合物饱和度S_h的线性关系较差。究其原因，目前尚不清楚，有待今后进一步研究探索。此外，由拟合直线还可发现，随围压的增大，弹性模量增长速率相较随水合物饱和度的增长速率加快（反映在图中即直线斜率随围压的增加而增大），说明围压对含瓦斯水合物煤体的弹性模量有强化作用。

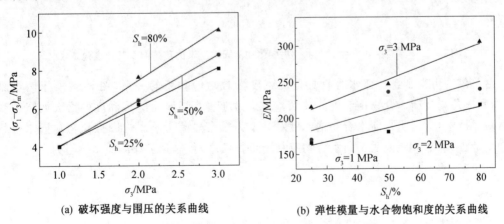

(a) 破坏强度与围压的关系曲线　　　(b) 弹性模量与水合物饱和度的关系曲线

图 3.11　含瓦斯水合物煤体破坏强度与围压及弹性模量与水合物饱和度的关系曲线

水合物饱和度与含瓦斯水合物煤体弹性模量的拟合关系：

$$E = 95.340 S_h + 138.916 \quad R^2 = 0.931\,6\ (\sigma_3 = 1\ \text{MPa})$$
$$E = 121.561 S_h + 152.590 \quad R^2 = 0.480\,3\ (\sigma_3 = 2\ \text{MPa})$$
$$E = 163.608 S_h + 171.499 \quad R^2 = 0.973\,1\ (\sigma_3 = 3\ \text{MPa})$$

3. 基于莫尔－库仑破坏准则分析不同饱和度含瓦斯水合物煤体的强度性质

根据莫尔－库仑破坏准则分析瓦斯水合物饱和度对含瓦斯水合物煤体强度性质的影响,相关理论见 3.3.1 节。图 3.12 所示为不同饱和度含瓦斯水合物煤体在不同围压下的莫尔圆及其强度包络线。

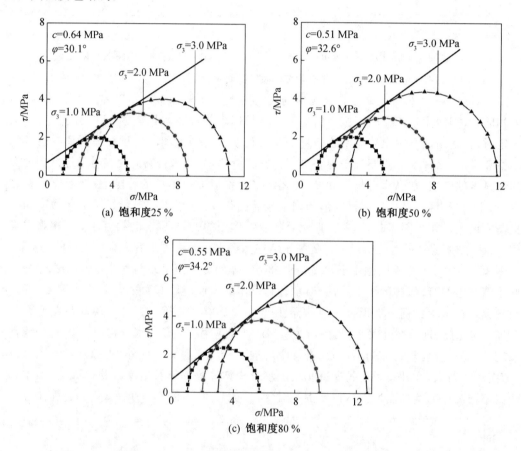

图 3.12　不同饱和度含瓦斯水合物煤体在不同围压下的莫尔圆及其强度包络线

由莫尔圆可得到含瓦斯水合物煤体的强度参数与饱和度的关系,图 3.13 所示为黏聚力、内摩擦角与瓦斯水合物饱和度的关系。黏聚力随着瓦斯水合物饱和度的增大而略微变小然后保持不变,说明瓦斯水合物饱和度对黏聚力没有显著影响。内摩擦角与瓦斯水合物饱和度呈正相关关系,说明瓦斯水合物胶结于煤颗粒之间,提高了煤体的摩擦阻力。

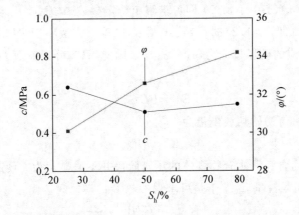

图 3.13　黏聚力、内摩擦角与瓦斯水合物饱和度的关系

4.含瓦斯水合物煤体复合指数模型

(1) 复合指数模型的提出。

由前述得知,含瓦斯水合物的应力－应变曲线在较低围压(1 MPa、2 MPa)下呈应变软化型,在较高围压(3 MPa)下呈应变硬化型。鉴于此,作者结合王丽琴等提出的复合幂－指数模型与传统指数沉降模型,建议采用如下复合指数模型对含瓦斯水合物煤体的应力－应变曲线进行描述:

$$\sigma_1 - \sigma_3 = \mu f(\varepsilon) + (1-\mu)g(\varepsilon) \tag{3.4}$$

其中

$$f(\varepsilon) = (A\varepsilon - B)e^{-C\varepsilon} + B \tag{3.5}$$

$$g(\varepsilon) = B(1 - e^{-D\varepsilon}) \tag{3.6}$$

式中　　μ——不定常数,对软化型应力－应变曲线(围压为 1 MPa、2 MPa)$\mu=1$,硬化型应力－应变曲线(围压为 3 MPa)$\mu=1/2$;

　　　　A、B、C、D——待定参数。

(2) 模型参数的确定。

当围压为 1 MPa、2 MPa(即 $\mu=1$) 时,方程可以转化成

$$\sigma_1 - \sigma_3 = f(\varepsilon) = (A\varepsilon - B)e^{-C\varepsilon} + B \tag{3.7}$$

随轴向应变 ε 趋于无穷大时,可得极限偏应力为

$$(\sigma_1 - \sigma_3)_{ult} = B \tag{3.8}$$

对式(3.7)求导,可得切线模量为

$$E_t = [A(1-C\varepsilon) + BC]e^{-C\varepsilon} \tag{3.9}$$

在峰值点有

$$(\sigma_1 - \sigma_3)_m = (A\varepsilon_m - B)e^{-C\varepsilon_m} + B \tag{3.10}$$

$$E_{tm} = [A(1-C\varepsilon) + BC]e^{-C\varepsilon_m} = 0 \tag{3.11}$$

式中　$(\sigma_1-\sigma_3)_m$、ε_m、E_{tm}——峰值点处的峰值强度(即破坏强度)、峰值点应变(破坏应变)及峰值点切线模量。

联立方程组(3.8)、(3.10)、(3.11)即可求解出待定参数 A、B、C。

当围压为 3 MPa(即 $\mu=1/2$)时,参数 A、B、C 的确定方法不变,只是此时破坏应力变为 15% 应变 ε_m 处所对应的破坏偏应力 $(\sigma_1-\sigma_3)_m$。因此,只需确定参数 D。对式(3.6)求导,可得

$$E'_0 = BD\mathrm{e}^{-D\varepsilon} \tag{3.12}$$

当 ε 趋于零时,可得初始切线模量为

$$E'_0 = BD \tag{3.13}$$

由前述分析可得,含瓦斯水合物煤体的压密阶段并不明显。为方便起见,这里用弹性模量 E 近似替代初始切线模量 E'_0。于是可求得参数 D:

$$D = E/B \tag{3.14}$$

可以看出,参数 A、B、C、D 都可通过前述三轴压缩试验数据确定,参数汇总结果见表3.10。

表 3.10　含瓦斯水合物煤体力学参数与模型参数

σ_3/MPa	S_h/%	E/MPa	$(\sigma_1-\sigma_3)_m$/MPa	ε_m/%	A	B	C	D
	25	165.858	4.010	5.515 5	0.646 4	4.000	0.592 8	—
1	50	180.889	4.001	4.377 4	1.403 7	3.842	0.609 1	—
	80	217.777	4.690	3.908 2	2.055 8	4.230	0.540 5	—
	25	170.504	6.220	5.104 2	1.782 4	6.075	0.558 7	—
2	50	236.243	6.427	4.320 5	2.069 4	6.344	0.796 9	—
	80	239.442	7.640	4.622 5	2.599 4	7.260	0.546 6	—
	25	215.709	8.070	15.000 0	0.576 4	8.070	1.000	0.267 3
3	50	247.238	9.008	15.000 0	0.642 9	9.008	1.000	0.274 7
	80	305.142	10.100	15.000 0	0.721 4	10.100	1.000	0.302 1

(3)模型验证。

为验证含瓦斯水合物煤体复合指数模型的适用性,将模型所对应的应力一应变曲线计算值与三轴试验实测值进行了拟合,如图 3.14 所示。由图可得,无论是针对含瓦斯水合物煤体在较低围压(1 MPa、2 MPa)下的应变软化型曲线,还是针对较高围压(3 MPa)下的应变硬化型曲线,本节提出的复合指数模型都能较好地表达出各围压下含瓦斯水合物煤体强度随饱和度增长的关系。值得注意的是,本节提出的模型对围压为 2 MPa 时的实测曲线峰值前变形特征的表达仍存在不足。

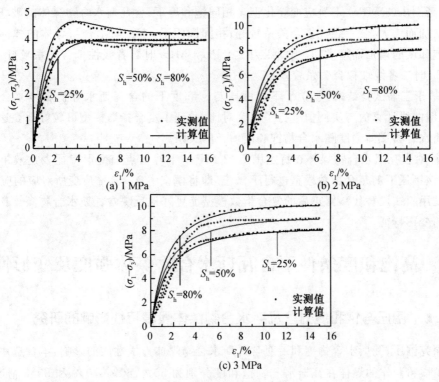

图 3.14   复合指数模型曲线与试验结果对比

（4）模型的修正。

在（3）节中已得出，复合指数模型虽能较好地描述各围压下含瓦斯水合物煤体强度随饱和度变化的规律，但对 2 MPa 围压下曲线峰值前变形特征的描述仍存在不足。对此，作者基于 2 MPa 围压下含瓦斯水合物煤体的应力与应变曲线在达峰值点前近似成正比，对 2 MPa 时的复合指数模型提出如下修正：将模型中 0～3％ 应变所对应的应力－应变曲线段用斜线段替代，线段起点为原点，终点为 3％ 应变处模型所对应的应力应变值。图 3.15 所示为修正后的模型，可以看出，修正后的模型能更好地反映含瓦斯水合物煤体在 2 MPa 围压时的变形特征。

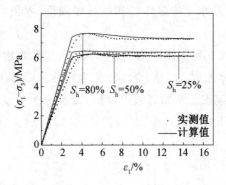

图 3.15   围压为 2 MPa 时修正的复合指数模型曲线与试验结果对比

（5）结论。

① 含瓦斯水合物煤体的偏应力－应变曲线在较低围压（1 MPa、2 MPa）下呈应变软化

型,在较高围压(3 MPa)下呈应变硬化型。相同饱和度下,含瓦斯水合物煤体的破坏强度随围压的增加而增大,二者线性拟合关系较好;相同围压下,含瓦斯水合物煤体的弹性模量随水合物饱和度的增加而增大,且当围压为 1 MPa、3 MPa 时二者线性拟合关系较好,当围压为 2 MPa 时二者线性拟合关系较差。

② 基于三轴试验结果,建立了不同围压与饱和度下的含瓦斯水合物煤体复合指数模型,将模型曲线计算值与实测值进行了拟合对比,验证了复合指数模型可较好地表达各围压下含瓦斯水合物煤体强度随水合物饱和度增长的关系。

③ 针对含瓦斯水合物煤体在特定围压(2 MPa)下峰值点前变形特征表达效果存在的不足,对该围压下的复合指数模型进行了修正(即将模型中 $0 \sim 3\%$ 应变所对应的应力 — 应变曲线段用斜线段替代),修正后的复合指数模型能更好地反映含瓦斯水合物煤体在 2 MPa 围压下的变形特征。

3.4　　高饱和度条件下含瓦斯水合物煤体强度及变形性质

3.4.1　　围压与饱和度对含瓦斯水合物煤体强度特性影响的研究

为探究围压、瓦斯水合物饱和度对含瓦斯水合物煤体力学性质的影响,本章选用黑龙江省桃山矿煤粉制作的煤样在瓦斯水合物饱和度分别为 50%、60%、70% 和 80% 情况下,分别在 3 种不同围压(4.0 MPa、5.0 MPa 和 6.0 MPa)下进行三轴压缩试验。

1.含瓦斯水合物煤体常规三轴压缩试验

通过三轴压缩试验,得到了不同围压和饱和度下的含瓦斯水合物煤体应力 — 应变曲线,如图 3.16 所示。应力 — 应变关系中有明显峰值的取峰值点强度,没有峰值的取应变 15% 时对应的应力值为峰值强度;选取变形模量 E_{50} 为试样的平均刚度。

(1) 相同饱和度不同围压下含瓦斯水合物煤体的应力 — 应变曲线。

从含瓦斯水合物煤体在围压 4.0 MPa、5.0 MPa 和 6.0 MPa 下的三轴压缩应力 — 应变曲线图(图 3.16) 中可以看出:

① 相同饱和度下,含瓦斯水合物煤体的初始屈服强度、峰值强度和残余强度都随着围压的增大而有所增大。

② 含瓦斯水合物煤体在 3 种围压作用下,应力 — 应变曲线均呈应变软化型。

③ 将含瓦斯水合物煤体的应力 — 应变曲线分为峰前和峰后两段,峰前段又分为线弹性阶段与强化阶段,两者的过渡点为初始屈服点,峰后段又分为应变软化段和残余变形段,即将应力 — 应变曲线全过程分为 4 个阶段:线弹性段(OA)、强化段(AB)、应变软化段(BC)、残余变形段(C 点后)。

④ 相同饱和度下,随着围压的增大,含瓦斯水合物煤体的应力—应变曲线的 OA 段斜率增大;随着围压的增大,含瓦斯水合物煤体的应力 — 应变曲线的峰值点处对应的应变逐渐增大。

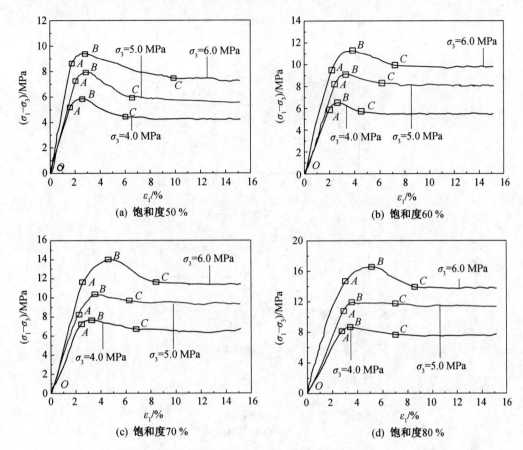

图 3.16　相同饱和度不同围压下含瓦斯水合物煤体应力－应变曲线

（2）相同围压不同饱和度下含瓦斯水合物煤体的应力－应变曲线。

通过三轴压缩试验,得到了桃山矿煤粉制作的煤体在不同饱和度、3 种围压下的含瓦斯水合物煤体应力－应变曲线,如图 3.17 所示。

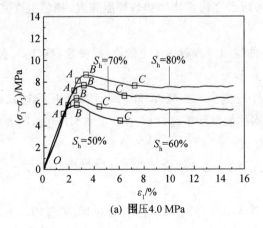

图 3.17　相同围压不同饱和度下含瓦斯水合物煤体应力－应变曲线

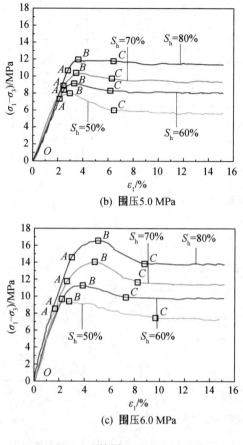

(b) 围压 5.0 MPa

(c) 围压 6.0 MPa

续图 3.17

从含瓦斯水合物煤体在围压 4.0 MPa、5.0 MPa 和 6.0 MPa 下的三轴压缩应力－应变曲线关系(图 3.17 和表 3.11)中可以看出：

① 相同围压下，含瓦斯水合物煤体的初始屈服强度、峰值强度和残余强度随着饱和度的增大都有所增大。

② 可将应力－应变曲线全过程分为 4 个阶段：线弹性段(OA)、强化段(AB)、应变软化段(BC)、残余变形段(C 点后)。

③ 含瓦斯水合物煤体在围压 4.0 MPa 和 5.0 MPa 下压缩时煤体在线弹性段(即 OA 段)，应力－应变曲线之间的发散性不高；而在围压 6.0 MPa 时，随着饱和度的变化，应力－应变曲线在 OA 段较为发散。

④ 相同饱和度下，随着围压的增加含瓦斯水合物煤体的应力－应变曲线的峰值点对应的应变逐渐增大。

⑤ 饱和度分别为 50% 和 60% 的含瓦斯水合物煤体，随着围压的增大，应力－应变的应变软化阶段逐渐放缓，残余强度对应的应变逐渐增大。

⑥ 饱和度分别为 70% 和 80% 的含瓦斯水合物煤体，在围压为 5.0 MPa 时，应力－应变曲线呈一定的应变硬化型；而在围压分别为 4.0 MPa 和 6.0 MPa 时为应变软化型，这很有可

能是由于随着围压的增高,在高饱和度下,含瓦斯水合物煤体出现压融现象,因此应力－应变曲线呈应变软化型。

表 3.11　含瓦斯水合物煤体三轴力学试验强度参数

S_h/%	T/℃	p/MPa	σ_3/MPa	σ_y/MPa	σ_f/MPa	σ_r/MPa
50			4.0	5.11	5.86	4.43
			5.0	7.32	7.88	5.99
			6.0	8.52	9.38	7.40
60			4.0	5.95	6.48	5.78
			5.0	8.28	9.07	8.33
	0.5	4.0	6.0	9.65	11.29	9.88
70			4.0	7.19	7.71	6.75
			5.0	8.89	10.31	9.65
			6.0	11.66	14.00	11.63
80			4.0	8.11	8.68	7.67
			5.0	10.84	11.93	11.76
			6.0	14.78	16.59	13.84

2.围压和饱和度对含瓦斯水合物煤体强度的影响

(1)围压对含瓦斯水合物煤体强度的影响。

对桃山矿煤粉制作的不同饱合度含瓦斯水合物煤体在不同围压下进行三轴压缩试验,通过三轴压缩过程中含瓦斯水合物煤体的应力－应变曲线上的特征点,可获得含瓦斯水合物煤体在不同围压下的初始屈服强度、峰值强度和残余强度值,随后利用数值拟合得到围压与初始屈服强度、峰值强度和残余强度之间的关系,如图 3.18 所示。

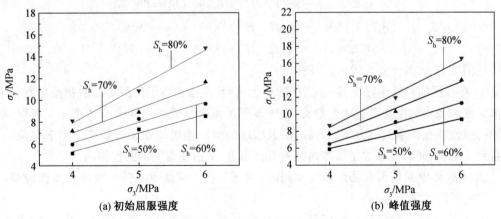

(a) 初始屈服强度　　　　(b) 峰值强度

图 3.18　围压与含瓦斯水合物煤体各强度的拟合关系

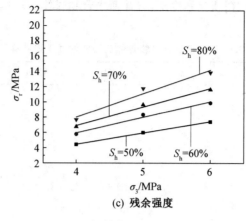

(c) 残余强度

续图 3.18

围压与含瓦斯水合物煤体初始屈服强度的拟合关系：

$$\sigma_y = 1.705\sigma_3 - 1.542 \quad R^2 = 0.986\,(S_h = 50\%)$$
$$\sigma_y = 1.850\sigma_3 - 1.290 \quad R^2 = 0.988\,(S_h = 60\%)$$
$$\sigma_y = 2.235\sigma_3 - 1.928 \quad R^2 = 0.990\,(S_h = 70\%)$$
$$\sigma_y = 3.335\sigma_3 - 5.432 \quad R^2 = 0.994\,(S_h = 80\%)$$

围压与含瓦斯水合物煤体峰值强度的拟合关系：

$$\sigma_f = 1.760\sigma_3 - 1.093 \quad R^2 = 0.996\,(S_h = 50\%)$$
$$\sigma_f = 2.405\sigma_3 - 3.078 \quad R^2 = 0.999\,(S_h = 60\%)$$
$$\sigma_f = 3.145\sigma_3 - 5.052 \quad R^2 = 0.995\,(S_h = 70\%)$$
$$\sigma_f = 3.955\sigma_3 - 7.375 \quad R^2 = 0.994\,(S_h = 80\%)$$

围压与含瓦斯水合物煤体残余强度的拟合关系：

$$\sigma_r = 1.458\sigma_3 - 1.458 \quad R^2 = 0.999\,(S_h = 50\%)$$
$$\sigma_r = 2.050\sigma_3 - 2.253 \quad R^2 = 0.990\,(S_h = 60\%)$$
$$\sigma_r = 2.440\sigma_3 - 2.857 \quad R^2 = 0.994\,(S_h = 70\%)$$
$$\sigma_r = 3.085\sigma_3 - 4.335 \quad R^2 = 0.983\,(S_h = 80\%)$$

从图 3.18 和拟合关系式中可以看出：

① 在相同饱和度条件下，随着围压的增大，含瓦斯水合物煤体所对应的初始屈服强度、峰值强度和残余强度均呈类线性增长，主要源于煤体中生成的瓦斯水合物填充了煤颗粒之间的孔隙使得煤体承载能力增加，同时随着围压的提高使煤体在轴向载荷作用下裂隙的发育得到了抑制，同时还增加了煤体内部的滑移阻力，从而使煤样的强度提高。

② 当煤体中瓦斯水合物饱和度相同时，围压与各个强度点之间的线性相关性较好，具有一定的预测效果。

③ 围压分别为 4.0 MPa、5.0 MPa 和 6.0 MPa 时，饱和度为 80% 的含瓦斯水合物煤体的峰值强度均高于饱和度分别为 70%、60%、50% 的含瓦斯水合物煤体的峰值强度。

（2）饱和度对含瓦斯水合物煤体强度的影响。

对桃山矿煤粉制作的含瓦斯水合物煤体进行三轴压缩试验，通过其应力－应变曲线上的特征点可获得含瓦斯水合物煤体的初始屈服强度、峰值强度和残余强度值,同时利用数值拟合可得到饱和度、围压与强度值之间的拟合关系,具体如图 3.19 所示。

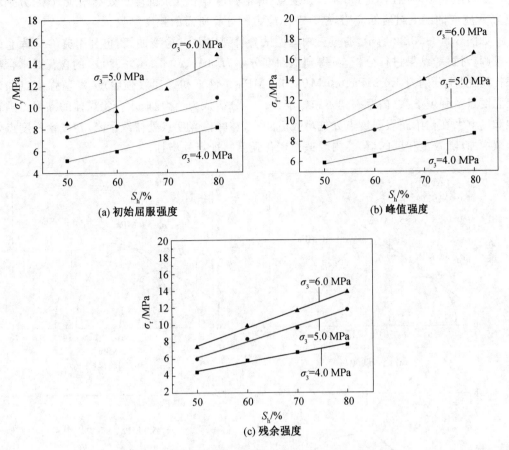

图 3.19　饱和度与含瓦斯水合物煤体各强度的拟合关系

围压与含瓦斯水合物煤体初始屈服强度的拟合关系:

$$\sigma_y = 0.102\,4S_h - 0.066 \quad R^2 = 0.977 \,(\sigma_3 = 4.0 \text{ MPa})$$
$$\sigma_y = 0.111\,7S_h + 1.572 \quad R^2 = 0.970 \,(\sigma_3 = 5.0 \text{ MPa})$$
$$\sigma_y = 0.207\,9S_h - 2.361 \quad R^2 = 0.976 \,(\sigma_3 = 6.0 \text{ MPa})$$

围压与含瓦斯水合物煤体峰值强度的拟合关系:

$$\sigma_f = 0.096\,9S_h + 0.884\,0 \quad R^2 = 0.993 \,(\sigma_3 = 4.0 \text{ MPa})$$
$$\sigma_f = 0.133\,9S_h + 1.094\,0 \quad R^2 = 0.997 \,(\sigma_3 = 5.0 \text{ MPa})$$
$$\sigma_f = 0.243\,4S_h - 3.006\,0 \quad R^2 = 0.997 \,(\sigma_3 = 6.0 \text{ MPa})$$

围压与含瓦斯水合物煤体残余强度的拟合关系:

$$\sigma_r = 0.106\,9S_h - 0.791\,0 \quad R^2 = 0.995 \,(\sigma_3 = 4.0 \text{ MPa})$$
$$\sigma_r = 0.186\,3S_h - 3.177\,0 \quad R^2 = 0.994 \,(\sigma_3 = 5.0 \text{ MPa})$$
$$\sigma_r = 0.210\,7S_h - 3.008\,0 \quad R^2 = 0.998 \,(\sigma_3 = 6.0 \text{ MPa})$$

从图 3.19 的拟合曲线中看出,相同围压条件下,初始屈服强度、峰值强度和残余强度均随着瓦斯水合物饱和度的增大而呈线性增加,同时饱和度与强度之间的拟合效果较好。

3.不同强度特征点处黏聚力和内摩擦角

通过绘制不同围压下初始屈服强度点、峰值强度点和残余强度点处莫尔应力圆,分别取应力－应变曲线上对应的应力,结合莫尔应力圆计算所需的强度参数。

如图 3.20 ~ 3.22 所示,通过三轴压缩试验得到应力－应变曲线,再利用莫尔－库仑破坏准则,对试验结果进行分析,可得到饱和度分别为 50%、60%、70%、80% 的含瓦斯水合物煤样,在围压分别为 4.0 MPa、5.0 MPa、6.0 MPa 条件下初始屈服强度点、峰值强度点和残余强度点及强度参数(内摩擦角 φ 和黏聚力 c)。分析认为,含瓦斯水合物煤体的黏聚力随着饱和度增大在初始屈服强度点处先增大后减小,在峰值强度点处持续下降,在残余强度点处持续增加;随着饱和度的增大,内摩擦角在各强度特征点处增加。

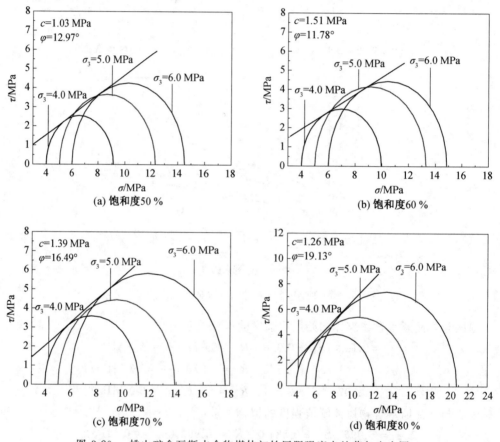

图 3.20 　桃山矿含瓦斯水合物煤体初始屈服强度点处莫尔应力圆

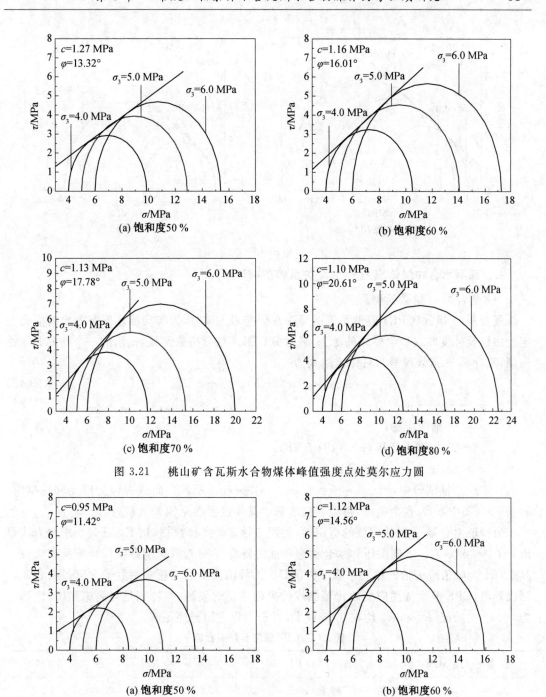

图 3.21　桃山矿含瓦斯水合物煤体峰值强度点处莫尔应力圆

图 3.22　桃山矿含瓦斯水合物煤体残余强度点处莫尔应力圆

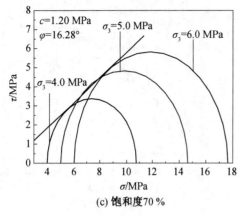

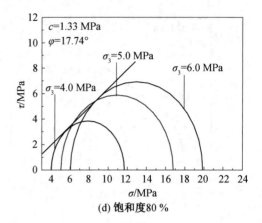

(c) 饱和度70%　　　　　　　　　　　　　　(d) 饱和度80%

续图 3.22

4.含瓦斯水合物煤体应力 — 应变关系模型探讨

（1）复合幂 — 指数模型。

复合幂 — 指数（CPE）模型是王丽琴等在研究岩土体时，为实现描述形态各异的应力 — 应变曲线及体变曲线数学模式的统一，通过分析幂函数与指数函数，提出的一个新的非线性模型，复合幂 — 指数模型的具体表达式为

$$\sigma_1 - \sigma_3 = |(a\varepsilon_1^m - k)\mathrm{e}^{-b\varepsilon_1^n} + k| \ p_a \tag{3.15}$$

式中　$\sigma_1 - \sigma_3$ —— 偏应力；

　　　　ε_1 —— 轴向应变；

　　　　p_a —— 标准大气压，$p_a = 101.3 \ \mathrm{kPa}$；

　　　　a、b、m、n、k —— 试验参数。

在常规三轴试验中，当 $\varepsilon_1 \rightarrow +\infty$ 时，$\sigma_1 - \sigma_3 \rightarrow kq_a$，所以当曲线表现为应变软化型时，$k = q_r/q_a$，其中 q_r 为残余强度，模型参数求解的具体过程参见相关文献。

为验证复合幂 — 指数模型的适用性，使用三轴试验所得数据，用 Excel 规划求解方法得出 a、b、m、n、k 值。不同围压和水合物饱和度的复合幂 — 指数模型参数拟合值见表 3.12。其中，R_1^2 为峰值应变前的相关系数平方值，R_2^2 为峰值应变后的相关系数平方值。从表 3.12 可以看出，CPE 模型描述应变软化型曲线的准确率是比较高的，特别是对高饱和度（饱和度为 80%）的情况，R_1^2 和 R_2^2 均在 0.98 以上，对于工程应用已经足够。

表 3.12　CPE 模型参数拟合值

$S_h/\%$	σ_3/MPa	a	m	R_1^2	b	n	R_2^2	k	q_r/MPa
	4	32.272	0.788	0.989 0	0.039	2.529	0.956 8	42.034	4.258
50	5	24.804	1.528	0.962 2	0.200	1.688	0.994 0	54.788	5.556
	6	45.241	1.014	0.958 5	0.373	1.149	0.997 4	71.538	7.247
	4	29.195	0.943	0.982 1	0.048	2.818	0.986 7	53.307	5.400
60	5	30.054	1.119	0.991 4	0.212	1.601	0.973 1	78.973	8.012
	6	40.895	0.869	0.966 1	0.037	2.421	0.991 9	96.742	9.802

续表3.12

$S_h/\%$	σ_3/MPa	a	m	R_1^2	b	n	R_2^2	k	q_r/MPa
70	4	30.631	0.836	0.968 9	0.066	2.119	0.984 0	64.166	6.500
	5	28.245	0.895	0.978 5	0.125	1.793	0.981 4	91.807	9.300
	6	46.619	0.830	0.928 1	0.006	3.106	0.999 5	112.537	11.400
80	4	30.846	0.862	0.981 3	0.019	2.814	0.983 7	74.038	7.500
	5	33.020	1.079	0.990 5	0.595	0.950	0.981 1	112.043	11.400
	6	59.478	0.751	0.983 1	0.003	3.414	0.993 2	136.032	13.800

将复合幂－指数模型参数拟合值所得理论曲线和试验值进行对比,结果如图 3.23 所示。从图 3.23 可以得出,整体来看,根据复合幂－指数模型参数拟合值所得理论曲线能够很好地模拟试验实测结果,表现在不仅能很好地反映峰值强度以前线弹性阶段的偏应力－应变曲线,而且对峰值强度以后的应变软化和最后稳定于残余强度的趋势也描述得极为接近,具有良好的适用性。值得注意的是,复合幂－指数模型对整个偏应力－应变曲线的峰值强度拟合得不是很好,模型对饱和度为80%、围压为 5 MPa 的线弹性阶段的变形特征表达仍有不足。

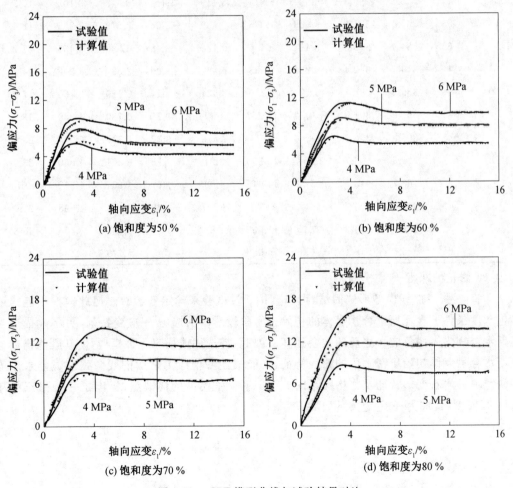

图 3.23　CPE 模型曲线与试验结果对比

　　为了进一步说明复合幂－指数模型对偏应力－应变曲线的拟合效果，作者将含瓦斯水合物三轴试验结果与复合幂－指数模型计算结果进行对比，见表 3.13。其中，$(\sigma_1-\sigma_3)_m$ 为峰值强度；ε_m 为峰值应变，取峰值点对应的应变；误差为模型值和试验值的差值与试验值的比值，即误差＝（模型值－试验值）/ 试验值。从表中可以看出，对于弹性模量，除了围压为 5 MPa，饱和度为 70% 和 80% 外，复合幂－指数模型的计算值与试验值的相对误差均在 9.20% 以内，对于峰值强度，复合幂－指数模型的计算值与试验值的相对误差均在 3.47% 以内，这说明复合幂－指数模型可以很好地描述含瓦斯水合物煤体强度随围压和饱和度变化的关系。对于峰值应变 ε_m，其误差值均为正数且数值相对较大，说明模型对曲线峰值强度处的描述不是很好。表中没有分析复合幂－指数模型的残余强度，是因为当应变为无穷大时，$\sigma_1-\sigma_3 \to kq_a$，而 $k=q_r/q_a$，从而得出 $\sigma_1-\sigma_3 \to q_r$，所以复合幂－指数模型的残余强度与试验值相同。

表 3.13　含瓦斯水合物三轴试验结果与复合幂－指数模型计算结果对比

S_h /%	σ_3/ MPa	E/MPa			$(\sigma_1-\sigma_3)_m$/MPa			ε_m/%		
		试验值	模型值	误差 /%	试验值	模型值	误差 /%	试验值	模型值	误差 /%
50	4	285.1	299.3	4.98	5.914	6.119	3.47	2.645	3.108	17.5
	5	365.4	331.8	−9.20	7.976	7.789	−2.34	2.873	3.235	12.5
	6	554.4	573.3	3.41	9.455	9.126	−3.48	2.838	3.455	21.7
60	4	319.7	320.4	0.22	6.538	6.407	−2.00	2.622	3.002	14.5
	5	359.5	388.7	8.12	9.210	8.921	−3.14	3.190	3.760	17.9
	6	393.9	391.8	−0.53	11.257	11.171	−0.76	3.780	4.280	13.2
70	4	366.8	336.0	−8.40	7.711	7.478	−3.02	3.176	3.931	23.8
	5	339.3	405.7	19.57	10.399	10.216	−1.76	3.301	4.060	23.0
	6	468.7	443.5	−5.38	14.015	14.095	0.58	4.901	4.902	0.1
80	4	283.4	295.7	4.34	8.717	8.597	−1.38	3.176	4.098	29.0
	5	379.5	646.8	70.43	11.966	11.834	−1.10	3.683	5.406	46.8
	6	586.6	549.1	−6.39	16.659	16.694	0.74	5.119	5.124	0.1

　　（2）修正的邓肯－张模型。

　　邓肯－张双曲线模型形式简洁，可以直接通过试验来确定各参数。但此模型不能描述高饱和度条件下含瓦斯水合物煤体的初始压密阶段对应的应力－应变特征，更不能描述含瓦斯水合物煤体峰值应力之后的残余强度。因此，需选用或构建一种模型，使其既能描述含瓦斯水合物煤体初始压密阶段的曲线特征，又能描述峰值应力之后的残余强度。姜永东等在研究单一岩石变形特征及本构关系时，就邓肯－张模型的优缺点，提出了一种修正的邓肯－张模型，其应力－应变关系如下：

$$\sigma_1-\sigma_3 = \frac{\varepsilon_1}{c+d\varepsilon_1+e\varepsilon_1^2} \tag{3.16}$$

式中　c、d、e——材料参数。

　　对式（3.16）求导，则可得切线模量 E_t 为

$$E_t = \frac{c - e\varepsilon_1^2}{(c + d\varepsilon_1 + e\varepsilon_1^2)^2} \tag{3.17}$$

当轴向应变 ε_1 无限趋近于零时,可得初始切线模量 E_0 为

$$E_0 = 1/c \tag{3.18}$$

当轴向应变 ε_1 达到峰值应变 ε_{1m} 时,切线模量 E_m 为零,即

$$E_m = 0 \tag{3.19}$$

将峰值强度$(\sigma_1 - \sigma_3)_m$、峰值应变 ε_{1m} 及式(3.18)、式(3.19)代入式(3.16)、式(3.17)中,即可得 c、d、e 表达式为

$$c = 1/E_0 \tag{3.20}$$

$$d = \frac{1}{(\sigma_1 - \sigma_3)_m} - \frac{2}{\varepsilon_{1m} E_0} \tag{3.21}$$

$$e = \frac{1}{E_0 \varepsilon_{1m}^2} \tag{3.22}$$

材料参数 c、d、e 可通过三轴试验确定,需要说明的是,因含瓦斯水合物煤体偏应力-应变曲线压密段不明显,为方便起见,这里取初始切线模量等于弹性模量,即 $E_0 = E$。

通过试验所得实测数据和以上材料参数 c、d、e 的确定方法,得到围压 $4 \sim 6$ MPa 下各饱和度的弹性模量、峰值强度、峰值应变及各围压与水合物饱和度下的模型参数值,见表3.14。其中,E 表示含瓦斯水合物煤体的弹性模量,$E_\text{邓}$ 表示修正的邓肯-张模型的弹性模量。

表 3.14　含瓦斯水合物煤体修正的邓肯-张模型参数、弹性模量、峰值强度及峰值应变

S_h/%	σ_3/MPa	E/MPa	$(\sigma_1 - \sigma_3)_m$/MPa	ε_m/%	c	d	e	$E_\text{邓}$/MPa	误差/%
	4	285.1	5.914	2.645	0.350 8	−0.096 1	0.050 1	289.4	1.51
50	5	365.4	7.976	2.873	0.273 7	−0.065 1	0.033 2	371.3	1.61
	6	554.4	9.455	2.838	0.180 4	−0.021 4	0.022 4	550.6	−0.68
	4	319.7	6.538	2.622	0.312 8	−0.085 0	0.045 5	312.3	−2.31
60	5	359.5	9.210	3.190	0.278 2	−0.065 8	0.027 3	386.4	7.48
	6	393.9	22.257	3.780	0.253 9	−0.045 5	0.017 8	400.1	1.57
	4	366.8	7.711	3.176	0.272 5	−0.042 0	0.027 0	370.9	1.12
70	5	339.3	10.399	3.530	0.294 7	−0.070 8	0.023 7	345.8	1.92
	6	468.7	14.015	4.902	0.213 4	−0.015 7	0.008 9	479.0	2.20
	4	283.4	8.717	3.176	0.352 9	−0.107 5	0.035 0	280.3	−1.09
80	5	379.5	11.966	3.683	0.263 5	−0.059 5	0.019 4	449.6	18.47
	6	586.6	16.659	5.123	0.170 5	−0.006 5	0.006 5	575.0	−1.98

为验证修正的邓肯-张模型的适用性与可靠性,将模型计算所得理论曲线与室内试验值进行了拟合对比分析,如图 3.24 所示。由拟合结果可知,实测曲线与理论曲线在峰值强度之前非常接近,模型对软化阶段的应力-应变曲线拟合得不好,不能描述含瓦斯水合物煤体的残余强度。

　　为了进一步说明修正的邓肯－张模型对偏应力－应变曲线的拟合效果,作者也将三轴试验结果与修正的邓肯－张模型计算结果进行对比(图3.24)。从图中可以看出,对于弹性模量,除了围压为5 MPa,饱和度为60%和80%外,修正的邓肯－张模型的计算值与试验值的相对误差均在2.31%以内,说明较复合幂－指数而言,修正的邓肯－张模型对弹性模量的拟合更好。对于峰值强度和峰值应变,作者通过对修正的邓肯－张模型的计算值与试验值的对比,发现两者的误差均为0。

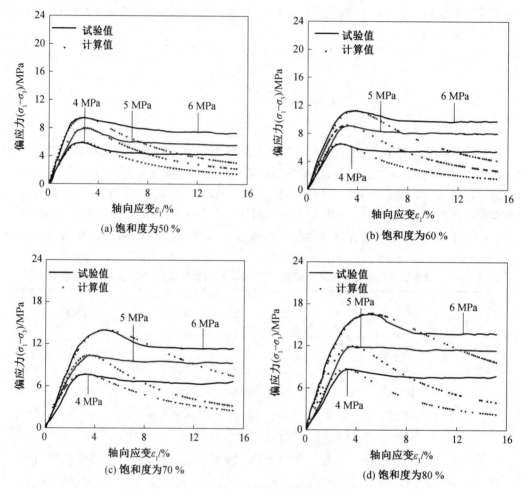

图 3.24　　修正的邓肯－张模型曲线与试验结果对比

　　(3) 讨论。

　　通过将两种模型的弹性模量、峰值强度、峰值应变和残余强度与三轴压缩试验结果进行对比,发现两种模型对实测值的拟合各有利弊。对峰值强度及峰值强度之前的线弹性阶段和强化阶段,修正的邓肯－张模型对试验结果的拟合明显好于复合幂－指数模型;对峰值强度以后由压胀造成的应变软化及最后稳定于残余强度的趋势,复合－幂指数模型描述得更为接近。因此可以得出结论,对高饱和度条件下含瓦斯水合物煤体而言,峰值强度之前,使用修正的邓肯－张模型拟合更为合适;对峰值强度之后,使用复合－幂指数模型拟合更为合适。

（4）结论。

① 含瓦斯水合物煤体在高饱和度较高围压条件下表现出应变软化的特征。饱和度相同时，含瓦斯水合物煤体的弹性模量、峰值强度随围压的增大而增大。

② 在描述含瓦斯水合物煤体的偏应力－应变曲线时，本节建立了复合幂－指数模型和修正的邓肯－张模型。复合幂－指数模型对应变软化及残余强度描述得较好，修正的邓肯－张模型更能反映含瓦斯水合物煤体的峰值强度和弹性模量。

③ 对高饱和度条件下含瓦斯水合物煤体，修正的邓肯－张模型的弹性模量拟合误差在 5％ 以内，峰值强度和峰值应变拟合没有误差，因此，峰值强度之前使用修正的邓肯－张模型拟合更为合适；较修正的邓肯－张模型而言，复合幂－指数模型对残余强度拟合得更好，并且没有误差，因此，对峰值强度之后的残余强度阶段，使用复合幂－指数模型拟合更为合适。

5.含瓦斯水合物煤体能量变化规律研究

（1）煤岩变形破坏过程中的能量演化机制理论。

在煤岩变形破坏过程中，总能量、耗散能与弹性应变能的关系如下：

$$U = U^{\mathrm{d}} + U^{\mathrm{e}} \tag{3.23}$$

式中　U——外部输入的总能量，$\mathrm{MJ/m^3}$；

　　　U^{d}——煤体单元的耗散能，$\mathrm{MJ/m^3}$；

　　　U^{e}——煤体单元的弹性应变能，$\mathrm{MJ/m^3}$。

在三轴压缩试验中，$\sigma_2 = \sigma_3$，总能量 U 的计算公式为

$$U = \sum_{i=1}^{n} \frac{1}{2}(\Delta\sigma_{i+1} + \Delta\sigma_i)(\varepsilon_{1i+1} - \varepsilon_{1i}) - \sum_{i=1}^{n}[(\sigma_{3i+1} - p) + (\sigma_{3i} - p)][\varepsilon_{3i+1} - \varepsilon_{3i}] \tag{3.24}$$

式中　$\Delta\sigma_i$——偏应力－应变曲线中对应每点的主应力差，MPa；

　　　ε_{1i}——偏应力－应变曲线中对应每点的轴向应变值，％；

　　　σ_{3i}——径向应变曲线中对应每点的应力值，MPa；

　　　p——孔隙压力，MPa；

　　　ε_{3i}——径向应变曲线中对应每点的应变值，％。

煤体弹性应变能的计算公式为

$$U^{\mathrm{e}} = \frac{(\Delta\sigma_i)^2}{2E_{\mathrm{u}}} \tag{3.25}$$

式中　E_{u}——卸载弹性模量，MPa。

试验中，取初始弹性模量 E_0 代替 E_{u}，尤明庆等验证了采用 E_0 代替 E_{u} 的合理性。则式（3.25）可改写为

$$U^{\mathrm{e}} \approx \frac{(\Delta\sigma_i)^2}{2E_0} \tag{3.26}$$

式中　E_0——初始弹性模量，MPa。

综合式（3.23）、式（3.26），得到煤岩变形破坏过程中耗散能的数学表达式为

$$U^{\mathrm{d}} = U - \frac{(\Delta\sigma_i)^2}{2E_0} \tag{3.27}$$

（2）含瓦斯水合物煤体能量变化规律。

① 能量特征。由于篇幅所限，仅列出围压为 4 MPa，饱和度分别为 50%、60%、70%、80% 条件下，含瓦斯水合物煤体能量变化规律，如图 3.25 所示。能量变化规律表明，在同一围压下，随着饱和度增大，即水合物生成越多，煤样压缩破坏过程中吸收的总能量 U 越大。

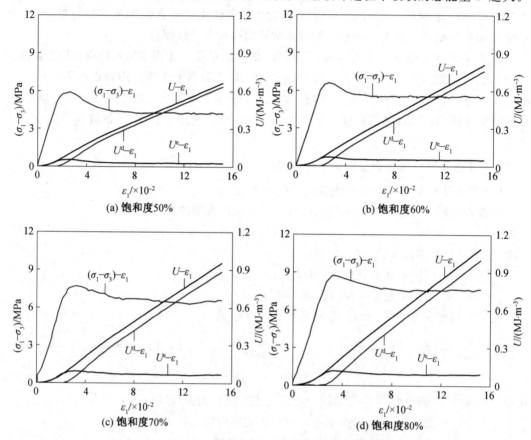

图 3.25　围压 4 MPa 条件下含瓦斯水合物煤体能量变化规律

此外在线弹性阶段，总能量 U、弹性应变能 U^e 随着水合物煤体试验过程中变形程度的增加而不断增加，而此阶段耗散能 U^d 处于较低的状态，由图可知其几乎没有增长的趋势，此时总能量 U 与弹性应变能 U^e 曲线变化相当，表明水合物煤体内部在线弹性阶段只有极少部分用于能量耗散，水合物煤体产生破坏较少；当进入屈服破坏阶段，煤样基本不再吸收应变能，弹性应变能 U^e 由原来随着偏应力增加而不断增加开始转变为随着偏应力增加而不断下降，存储在水合物煤体中的弹性应变能 U^e 逐渐释放，而耗散能 U^d 开始随着偏应力的增加而快速增加，表明水合物煤体内部产生的破坏程度快速增加；当进入破坏后阶段，弹性应变能 U^e 趋于平缓，没有明显变化，而总能量 U 和耗散能 U^d 不断增加，表明此阶段水合物煤体所吸收的总能量 U 几乎都转化为耗散能 U^d 耗散了。

② 围压和饱和度对含瓦斯水合物煤体临界破坏点能量变化规律的影响。引入临界破坏点总能量、储能极限和临界破坏点耗散能，以便研究饱和度和围压分别与临界破坏点总能量、储能极限、临界破坏点耗散能之间的关系。不同饱和度下煤样临界破坏点能量计算结果见表 3.15。

从表 3.15 可以看出,围压从 4 MPa 升高到 5 MPa 时,低饱和度下临界破坏点总能量 U、储能极限 U^e、临界破坏点耗散能 U^d 的变化量并不大,高饱和度下临界破坏点总能量 U、储能极限 U^e、临界破坏点耗散能 U^d 变化明显;而从 5 MPa 升高到 6 MPa 时,三者都有明显的增大,说明在较高围压和较高饱和度下,水合物煤体前期储存了较高的弹性应变能 U^e,从而煤样的弹性应变能在屈服破坏阶段得到释放,使水合物煤体在压缩过程中发生较大程度的破坏。

表 3.15　含瓦斯水合物煤样临界破坏点能量计算结果

σ_3 /MPa	S_h /%	U /(MJ·m^{-3})	U^e /(MJ·m^{-3})	U^d /(MJ·m^{-3})
4	50	0.103	0.055	0.048
	60	0.124	0.069	0.055
	70	0.146	0.095	0.051
	80	0.188	0.115	0.073
5	50	0.137	0.093	0.045
	60	0.164	0.118	0.046
	70	0.221	0.159	0.061
	80	0.515	0.357	0.169
6	50	0.179	0.079	0.099
	60	0.299	0.170	0.129
	70	0.464	0.240	0.224
	80	0.585	0.355	0.235

a.临界破坏点总能量与围压及饱和度的关系。临界破坏点能量变化与不同围压、饱和度的关系如图 3.26 所示。由图 3.26(a)可知,含瓦斯水合物煤样临界破坏点总能量随饱和度、围压增大而增大。与围压 4 MPa 条件下煤样变形破坏比较,在饱和度为 50%,围压分别为 5 MPa、6 MPa 时,煤样临界破坏点总能量 U 分别增大了 0.034 MJ/m³、0.076 MJ/m³,增长百分比分别为 33.0%、73.8%;此外在围压分别为 5 MPa、6MPa,饱和度分别为 60%、70%、80% 时,煤样临界破坏点总能量 U 分别增大了 0.04 MJ/m³、0.175 MJ/m³、0.075 MJ/m³、0.318 MJ/m³、0.327 MJ/m³ 和 0.397 MJ/m³,增长百分比分别为 32.3%、141.1%、51.4%、217.8%、173.9% 和 211.2%。由此可见,在同一饱和度下,随着围压的不断增大,水合物煤体临界破坏点总能量 U 不断增大;在同一围压下,水合物煤体临界破坏点总能量 U 随着饱和度的增加不断增大。

分析发现,临界破坏点总能量 U 随围压和饱和度的增大呈近似线性增大,因此,为明确饱和度和围压对临界破坏点总能量 U 的耦合影响关系,预测临界破坏点总能量 U 随饱和度 S_h 和围压 σ_3 的变化趋势,建立了围压、饱和度与临界破坏点总能量 U 的多元线性回归方程:

$$U = a\sigma_3 + bS_h + c \tag{3.28}$$

式中　a、b、c—— 回归系数。

利用多元线性回归分析方法,可确定多元线性回归方程如下:

$$U = -0.961 + 0.121\sigma_3 + 0.950S_h \tag{3.29}$$

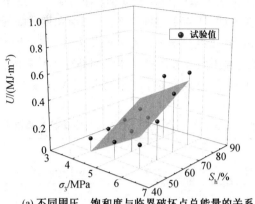

(a) 不同围压、饱和度与临界破坏点总能量的关系

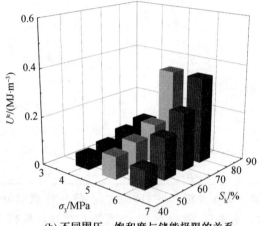

(b) 不同围压、饱和度与储能极限的关系

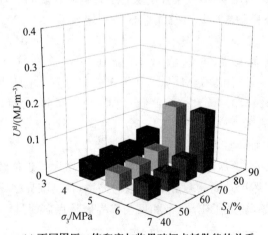

(c) 不同围压、饱和度与临界破坏点耗散能的关系

图 3.26　临界破坏点能量变化与不同围压、饱和度的关系

　　基于图 3.26(a) 中的相关数据，对多元线性回归方程 (3.29) 进行检验，得到 R^2 为 0.820，说明拟合公式的相关系数较好，能表达饱和度 S_h、围压 σ_3 与临界破坏点总能量 U 之间的耦合关系。分析认为，围压对煤样具有压密作用，围压越大，压密作用越明显，煤样内部颗粒之

间的作用越紧密,因此,随着围压越大,临界破坏点总能量越大。针对含水合物沉积物的研究发现,水合物生成对其赋存介质的黏聚力有明显的提升作用,随着饱和度的增大,水合物对煤样黏聚力的提升作用越强烈,故随着饱和度增大,即水合物生成越多,临界破坏点总能量越大。

b.储能极限与围压及饱和度的关系。由图 3.26(b) 可知,煤样在围压分别为 4 MPa、5 MPa、6 MPa,饱和度分别为 50%、60%、70%、80% 条件下偏应力达到峰值时,储能极限呈上升趋势,可以看出饱和度越大,即水合物生成越多,水合物煤体在破坏过程中储能极限的积聚越大,同时储能极限随着围压的不断增大而呈上升趋势。由于篇幅所限本节仅列出围压为 4 MPa,饱和度分别为 50%、60%、70%、80% 条件下的储能极限,此时其增量分别为 0.014 MJ/m³、0.026 MJ/m³、0.02 MJ/m³,增长百分比分别为 25.5%、37.7%、17.4%;饱和度为 60%,围压分别为 4 MPa、5 MPa、6 MPa 条件下的储能极限,其增量分别为 0.049 MJ/m³、0.052 MJ/m³,增长百分比分别为 71.0%、30.3%。分析可见,同一围压下水合物煤体随着饱和度的增加储能极限不断增大;同一饱和度下随着围压的不断增大,水合物煤体的储能极限也在增大,由此说明围压和饱和度均对煤样的能量变化有较大影响。

c.临界破坏点耗散能与围压及饱和度的关系。由图 3.26(c) 可知,煤样在围压分别为 4 MPa、5 MPa、6 MPa,饱和度分别为 50%、60%、70%、80% 条件下的临界破坏点耗散能 U^d 总体呈上升趋势,可以看出低围压和低饱和度下临界破坏点耗散能 U^d 的变化不是很明显,但随着围压和饱和度的增加,临界破坏点耗散能 U^d 不断增加,这是由于随着围压和饱和度的增大,在峰值偏应力点处储能极限的积聚也会增大,从而产生较大的耗散能。

通过在不同围压、饱和度下含瓦斯水合物煤体三轴压缩破坏过程中能量变化的特征曲线,得到煤样在三轴压缩破坏过程中临界破坏点总能量 U、储能极限 U^e 和临界破坏点耗散能 U^d 都会随之变化,发现两种条件下都会对煤样产生较大影响;通过不同围压、饱和度下总能量与多元线性回归方程的拟合结果可以看出,在不同饱和度、围压下临界破坏点总能量呈线性增加。

(3) 结论。

① 含瓦斯水合物煤体偏应力－应变曲线都呈应变软化型,煤样在线弹性阶段随着饱和度越高所积累的总能量和弹性应变能越大;在屈服阶段,弹性应变能快速下降,耗散能快速增加,煤样由原来的弹性应变能主导转化为耗散能主导;煤样在破坏后阶段,总能量、耗散能不断增加,弹性应变能趋于平缓状态。

② 临界破坏点总能量随着围压和饱和度的增加总体呈线性增加趋势,据此建立围压 σ_3、饱和度 S_h 与临界破坏点总能量 U 之间的多元线性回归方程;饱和度越大,煤样在破坏过程的线弹性阶段弹性应变能的积聚越大,同时此阶段储能极限随着围压的增大亦呈上升趋势;随着围压和饱和度的增加,临界破坏点耗散能不断增加。

3.4.2　煤质对含瓦斯水合物煤体强度特性影响的试验研究

为了研究煤质对含瓦斯水合物煤体强度特性的影响,选取双鸭山市七星矿与七台河市桃山矿两个矿井的煤粉制作煤样,开展 60% 和 80% 两个饱和度在 3 种围压下常规三轴压缩试验。为了获得煤质对含瓦斯水合物煤样强度特性的影响规律,首先利用工业分析仪对双鸭山市七星矿和七台河市桃山矿的煤质进行了工业分析,结果见表 3.16。

表 3.16　煤样工业分析

煤样	灰分 /%	挥发分 /%	水分 /%
七星矿	7.62	39.77	1.31
桃山矿	8.71	27.83	1.17

1.含瓦斯水合物煤体常规三轴压缩试验

试验分别获得了由七星矿和桃山矿煤粉制作的 60% 和 80% 饱和度的含瓦斯水合物煤体在不同围压下的三轴压缩应力－应变曲线,如图 3.27 所示。从图中可以看出,两种饱和度含瓦斯水合物煤体在 3 种围压作用下,应力－应变曲线均呈应变软化型。同样参考岩石的应力－应变曲线划分方法,将应力－应变曲线分为 4 个阶段:

(1) 线弹性段(OA):曲线从原点 O 开始到初始屈服点 A,随着轴向应变的增加,所对应的主应力差呈线性增加。

(2) 强化段(AB):试样经过弹性阶段 OA 段,进入强化过程,即初始屈服点 A 至峰值强度点 B 之间,表现出类似于钢材的强化变形特性,呈现出随着轴向应变的增加主应力差增长缓慢,应力－应变曲线的斜率不断减小。七星矿煤粉制作的含瓦斯水合物煤体的主应力差涨幅比桃山矿煤粉制作的含瓦斯水合物煤体大,因此从强化阶段来看,桃山矿煤粉制作的含瓦斯水合物煤体的强化程度小。

(3) 应变软化段(BC):主应力差达到峰值强度点 B 后,随着应变的增加,应力值逐渐降低,在 BC 段强度参数由峰值强度缓慢下降到残余强度。应变的增大引起主应力差开始降低,但含瓦斯水合物饱和度为 60% 的煤体比 80% 的煤体降低的速度更快。

(4) 残余变形段(C 点后):随着轴向应变持续增大,煤体强度基本保持不变。

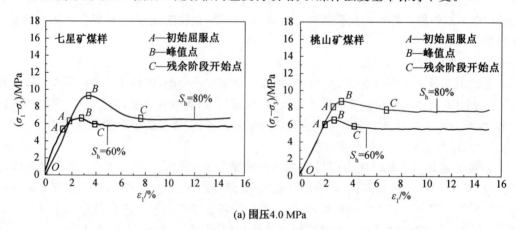

(a) 围压4.0 MPa

图 3.27　不同煤质的含瓦斯水合物煤体三轴压缩应力－应变曲线图

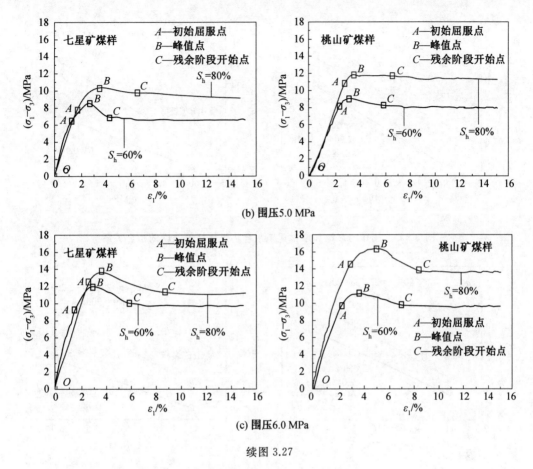

(b) 围压5.0 MPa

(c) 围压6.0 MPa

续图 3.27

2.围压与饱和度对含瓦斯水合物煤体强度的影响

对饱和度不同的含瓦斯水合物煤体在 3 种不同围压下进行三轴压缩试验,通过其应力－应变曲线可获得高饱和度含瓦斯水合物煤体在不同围压下的强度特征点参数,特征点参数与围压、饱和度和煤质的拟合关系如图 3.28～3.30 所示。

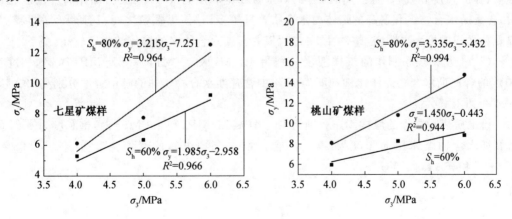

图 3.28　围压与高饱和度含瓦斯水合物煤体初始屈服强度的拟合关系

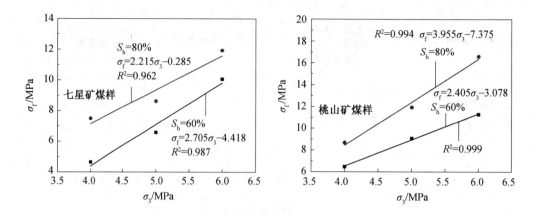

图 3.29　围压与高饱和度含瓦斯水合物煤体峰值强度的拟合关系

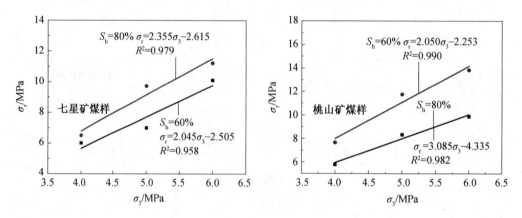

图 3.30　围压与高饱和度含瓦斯水合物煤体残余强度的拟合关系

从表 3.17 和图 3.28、图 3.29、图 3.30 可以看出：

（1）在相同的围压条件下,含瓦斯水合物饱和度为 80% 的突出煤体所对应的初始屈服强度、峰值强度和残余强度总体比含瓦斯水合物饱和度为 60% 的突出煤体高。围压相同时,含瓦斯水合物饱和度高的煤体内水合物含量更多,致使煤颗粒之间、瓦斯水合物颗粒与煤颗粒之间的接触更紧密,整体性更好,所以含瓦斯水合物多的煤体的强度较高。

（2）七星矿煤粉制作的煤样围压分别为 4.0 MPa、5.0 MPa 和 6.0 MPa 时,饱和度为 80% 的含瓦斯水合物煤体比饱和度为 60% 的含瓦斯水合物煤体的峰值强度分别高 42.8%、20.4% 和 15.5%。

桃山矿煤粉制作的煤样围压分别为 4.0 MPa、5.0 MPa 和 6.0 MPa 时,饱和度为 80% 的含瓦斯水合物煤体比饱和度为 60% 的含瓦斯水合物煤体的峰值强度分别高 33.95%、28.69% 和 46.94%。

表 3.17　高饱和度含瓦斯水合物煤体应力 — 应变曲线中强度特征点试验结果统计

矿区	$S_h/\%$	$T/℃$	p/MPa	σ_3/MPa	σ_y/MPa	σ_f/MPa	σ_r/MPa
七星矿	60			4.0	5.29	6.66	6.03
				5.0	6.35	8.59	7.01
				6.0	9.26	12.07	10.12
	80			4.0	6.12	9.51	6.52
				5.0	7.80	10.63	9.73
		0.5	4.0	6.0	12.55	13.94	11.23
桃山矿	60			4.0	5.95	6.48	5.78
				5.0	8.28	9.07	8.33
				6.0	9.64	11.29	9.88
	80			4.0	8.11	8.68	7.67
				5.0	10.84	11.93	11.76
				6.0	14.78	16.59	13.84

3.不同强度特征点处黏聚力和内摩擦角

通过绘制不同围压的莫尔应力圆可获得不同特征点(初始屈服强度点、峰值强度点及残余强度点),分别取应力 — 应变曲线上对应的应力,结合莫尔应力圆计算所需的强度参数。绘制后的莫尔应力圆如图 3.31 ～ 3.33 所示。

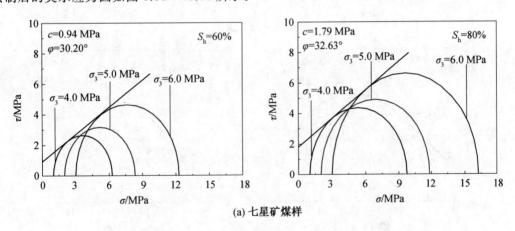

(a) 七星矿煤样

图 3.31　高饱和度含瓦斯水合物煤体初始屈服强度点处莫尔应力圆

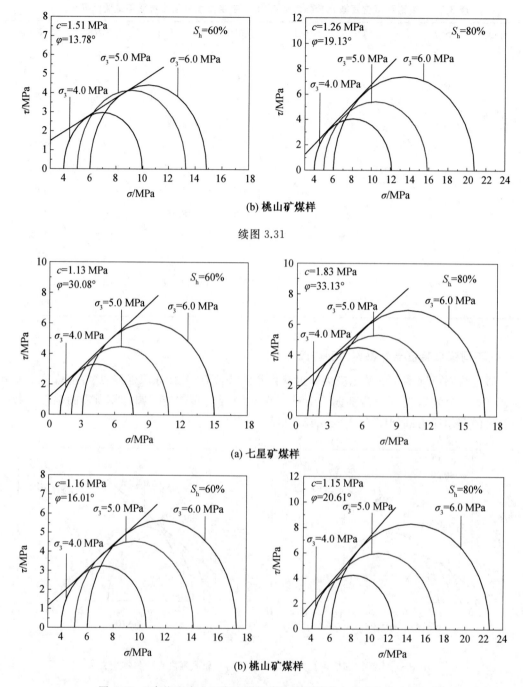

(b) 桃山矿煤样

续图 3.31

(a) 七星矿煤样

(b) 桃山矿煤样

图 3.32   高饱和度含瓦斯水合物煤体峰值强度点处莫尔应力圆

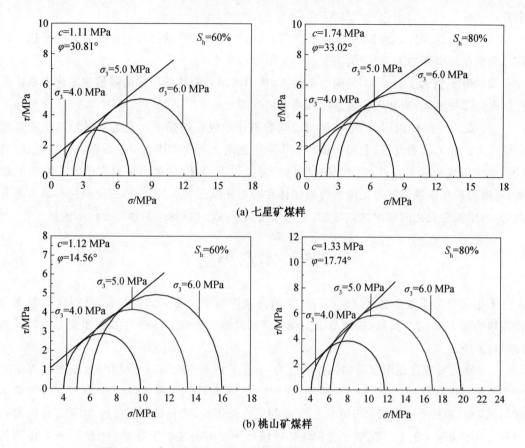

(a) 七星矿煤样

(b) 桃山矿煤样

图 3.33 高饱和度含瓦斯水合物煤体残余强度点处莫尔应力圆

从莫尔应力圆图中可获得:

(1)七星矿煤粉制作的含瓦斯水合物煤体在初始屈服强度点处、峰值强度点处和残余强度点处,饱和度为80%的含瓦斯水合物煤体的黏聚力和内摩擦角均比饱和度为60%的高。桃山矿煤粉制作的含瓦斯水合物煤体在初始屈服强度点处、峰值强度点处和残余强度点处,饱和度为80%的含瓦斯水合物煤体的内摩擦角均高于饱和度为60%的含瓦斯水合物煤体;但在初始屈服强度点处,饱和度为80%的含瓦斯水合物煤体比饱和度为60%的含瓦斯水合物煤体的黏聚力低。

(2)相同饱和度下,七星矿煤粉制作的含瓦斯水合物煤体在初始屈服强度点处、峰值强度点处和残余强度点处,内摩擦角变化的规律性不明显,黏聚力呈现先增大后减小的趋势;桃山矿煤粉制作的含瓦斯水合物煤体在初始屈服强度点处、峰值强度点处和残余强度点处,内摩擦角变化的规律性较明显,呈现先增大后减小的趋势,黏聚力则变化不明显。

4.煤质对含瓦斯水合物煤体强度影响的对比

从以上试验结果来看,不难发现,在应力－应变曲线的线弹性段(OA)中,未达到初始屈服强度点之前,相同饱和度下七星矿煤粉制作的含瓦斯水合物煤体的轴向应变低于桃山矿煤粉制作的含瓦斯水合物,说明桃山矿煤粉制作的煤样具有更大的轴向变形能力,这就使得在相同应力条件下这种煤质能够储存更大的变形能量。从三轴压缩煤体的强度特征值来看：

（1）60％ 饱和度、4.0 MPa 围压条件下，桃山矿煤粉制作的煤样的初始屈服强度比七星矿煤粉制作的煤样的大，而峰值强度和残余强度却变小。

（2）80％ 饱和度、4.0 MPa 围压条件下，桃山矿煤粉制作的煤样的峰值强度比七星矿煤粉制作的煤样的大，而初始屈服强度和残余强度却变小。

（3）在相对较高围压条件下，桃山矿煤粉制作的煤样的强度比七星矿煤粉制作的煤样的强度大。相同饱和度下，七星矿煤粉制作的含瓦斯水合物煤体在初始屈服强度点处、峰值强度点处和残余强度点处，内摩擦角变化的规律性不明显，黏聚力呈现先增大后减小的趋势；而桃山矿煤粉制作的含瓦斯水合物煤体在初始屈服强度点处、峰值强度点处和残余强度点处，内摩擦角变化的规律性较明显，呈现先增大后减小的趋势，黏聚力变化不明显。

3.5　本章小结

采用融合瓦斯水合固化反应和三轴压缩荷载作用于一体的试验装置，获得含瓦斯水合物煤体的应力－应变关系，在此基础上获得含瓦斯水合物煤体的强度参数和变形参数。具体结论如下：

（1）研究发现含瓦斯水合物煤体的应力－应变关系表现为应变硬化型；压缩过程呈典型的弹塑性破坏特征，可分为 3 个阶段：弹性阶段、屈服阶段和强化阶段；含瓦斯水合物煤体破坏强度 σ_f 和割线模量 E_{50} 均随着围压 σ_3 的提高而增大，并且破坏强度 σ_f 与围压 σ_3 的关系表现为线性相关；含 Ⅰ 型瓦斯水合物煤体的破坏强度 σ_f 与割线模量 E_{50} 明显低于含 Ⅱ 型瓦斯水合物煤体；含 Ⅰ 型瓦斯水合物煤体的黏聚力 c 要小于含 Ⅱ 型瓦斯水合物煤体，但摩擦角 φ 大于含 Ⅱ 型瓦斯水合物煤体。

（2）瓦斯水合物饱和度 S_h 的增加提高了含瓦斯水合物煤体的破坏强度 σ_f 及煤体的割线模量 E_{50}；黏聚力 c 随着瓦斯水合物饱和度 S_h 的增大而略微变小，内摩擦角 φ 随着瓦斯水合物饱和度 S_h 的增大而提高。

（3）桃山矿煤粉制作的煤样在相同的瓦斯水合物饱和度条件下，随着围压的增大，应力－应变曲线均呈应变软化型，峰值强度点对应的轴向应变逐渐增大，同时含瓦斯水合物煤体所对应的初始屈服强度、峰值强度和残余强度均呈类线性增长。

（4）含瓦斯水合物煤体的黏聚力随着饱和度的增大在初始屈服强度点处先增大后减小，在峰值强度点处持续下降，残余强度点处持续增加，内摩擦角在初始屈服强度点、峰值强度点和残余强度点处均随着饱和度的增大而增加。

（5）在应力－应变曲线的线弹性段（OA），未达到初始屈服强度点之前，七星矿煤粉制作的饱和度为 60％ 和 80％ 的含瓦斯水合物煤体的轴向应变分别在 0～1.75％ 和 0～1.95％ 之间，桃山矿煤粉制作的饱和度为 60％ 和 80％ 的含瓦斯水合物煤体的轴向应变分别在 0～1.94％ 和 0～2.64％ 之间，这就说明桃山矿煤粉制作的煤样具有更大的轴向变形能力。

（6）在相对较高围压条件下，桃山矿煤粉制作的煤样的强度比七星矿煤粉制作的煤样的强度大。

(7) 相同饱和度下,七星矿煤粉制作的含瓦斯水合物煤体在初始屈服强度点处、峰值强度点处和残余强度点处,内摩擦角变化的规律性不明显,黏聚力呈现先增大后减小的趋势;而桃山矿煤粉制作的含瓦斯水合物煤体在初始屈服强度点处、峰值强度点处和残余强度点处,内摩擦角变化的规律性较明显,呈现先增大后减小的趋势,黏聚力变化不明显。

(8) 从七星矿和桃山矿煤样在饱和度 80%、不同围压下含瓦斯水合物煤体破坏照片中可以看出,七星矿煤样的破坏模式主要以单面剪切破坏为主;桃山矿煤样的破坏模式主要以环向剪涨破坏为主,煤体在径向上变形较大。

第4章　卸围压条件下含瓦斯水合物煤体力学性质研究

4.1　试验系统构建及型煤制备

4.1.1　试验系统概述

本节为了研究围压、瓦斯水合物饱和度、煤粉粒径等因素对卸围压条件下含瓦斯水合物煤体力学性质的影响,依据国内外相关研究及试验要求,并结合瓦斯水合物在煤体中生成的温度和瓦斯压力的要求,自主搭建了瓦斯水合物合成与力学性质一体化试验系统,该试验系统具有以下特点:

(1) 可以根据要求设置试验所需的初始围压。

(2) 可以调整试验温度,并实时记录温度。

(3) 可以根据试验方案改变加卸载方式以及控制方式。

4.1.2　试验系统介绍

基于含瓦斯水合物煤体强度变形性质研究任务,课题组自行研制了一套瓦斯水合固化与力学性质一体化试验装置,如图4.1所示。

该装置轴向应力施加范围 0～600 kN,围压施加范围 0～100 MPa。该装置融合瓦斯水合固化高压反应、三轴加卸载作用于一体,其主要由瓦斯水合固化试验系统和力学性质试验系统组成,包括瓦斯气体注入系统、三轴加卸载及其控制系统、恒温循环调控系统、数据采集系统等。

1.瓦斯气体注入系统

由气瓶提供初始压力,经过精密调压阀减压之后得到试验所需要的气体压力,再由气压传感器实时采集气体压力传送到电脑记录。精密调压阀压力设定简单,调压精度高,通过高性能降噪声设置,并且内置过滤装置,保证气体的使用质量。

瓦斯气体注入系统操作流程为:打开气瓶,通过精密减压阀得到试验气体所需压力,将气体注入反应釜体内参与试验,气体压力通过气压传感器由电脑采集。

2.三轴加卸载及其控制系统

三轴加卸载及其控制系统主要由围压加载系统、轴压加载系统、计算机控制系统、控制柜等部分组成。

围压加载系统是对试样施加径向的力,工作原理是径向伺服油源可向径向油缸提供一定压力的围压工作油。根据计算机上的试验软件,设定围压值实现自动控制围压。

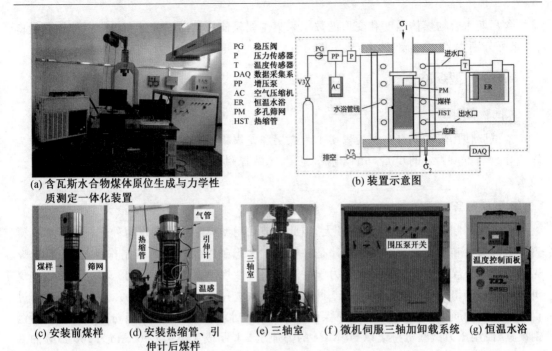

PG	稳压阀
P	压力传感器
T	温度传感器
DAQ	数据采集系
PP	增压泵
AC	空气压缩机
ER	恒温水浴
PM	多孔筛网
HST	热缩管

(a) 含瓦斯水合物煤体原位生成与力学性　　　　(b) 装置示意图
质测定一体化装置

(c) 安装前煤样　　(d) 安装热缩管、引　　(e) 三轴室　　(f) 微机伺服三轴加卸载系统　　(g) 恒温水浴
　　　　　　　　伸计后煤样

图 4.1　　试验装置图

轴压加载系统是对试样施加轴向的作用力,工作原理是轴向伺服油源对轴向油缸施加一定压力的轴压工作油,推动轴向油缸对试样施加轴向压力。根据计算机上的试验软件,设定轴压值实现自动控制轴压。

计算机控制系统采用研华工控机,采用 AD 公司元件组装的伺服控制卡安装在主机内。

控制柜控制轴向伺服油源和围压伺服油源,增压器、配电盘安装在柜内,油泵启动、停止等按钮集中安装在面板上,便于工作人员操作。

3.恒温循环调控系统

恒温循环调控系统主要由冷水机、温感、冷却液管路等组成。恒温循环调控系统工作原理是通过冷水机控制面板,控制储液箱中冷却液的温度;冷却液通过冷水机的循环泵将冷却液从进液管道充入反应釜循环管道,然后由出液管道循环到冷水机,冷却液把热量带出反应釜达到降温的目的,控制冷却液的温度使反应釜内达到试验所需的恒温条件。

工作过程:确定试验所需温度,设定冷水机循环温度,冷却液循环降温,温感实时监测釜内温度,达到试验温度后,冷水机持续工作,提供恒温的试验条件。恒温装置可以提供30 ～ −10 ℃的恒温环境,满足水合物生成所需的低温条件,可根据试验要求设置不同的温度。

4.数据采集系统

本节数据采集包括瓦斯水合物合成以及含瓦斯水合物煤体力学性质两部分试验数据采集。

瓦斯水合物合成过程中,反应釜内温度 − 压力的变化是瓦斯水合过程的核心参数,数据实时准确录入工控机,并绘制出温度和瓦斯压力随时间变化曲线,是后期试验分析的必要条件。

含瓦斯水合物煤体强度和变形的数据采集主要是使用轴向引伸计和径向引伸计测量得到,量程分别为 20 mm 和 10 mm,采集的引伸计参数可以绘制应力－应变曲线。

4.1.3　型煤的制备

1.试验材料

本试验使用煤样取自东保卫煤矿 41#煤层和龙煤集团新安煤矿 8#上煤层,试验气样为体积分数为 99.99% 的甲烷,由哈尔滨通达气站提供。试验用水是实验室自制的二级纯水。

2.型煤制备

原煤煤样制作困难,且离散性较大,因此本节采用型煤煤样。利用两种含瓦斯煤样所得到的变形特性和抗压强度的变化规律是一样的。考虑到原煤煤样的难制作性,因此将型煤煤样替代原煤煤样用于含瓦斯煤样力学性质的一般性规律探讨是可行的。将原煤使用碎煤机破碎后筛分出 20 ～ 40 目、40 ～ 60 目、60 ～ 80 目 3 种不同粒径的煤粉。型煤煤样制作过程是取一定量同一粒径煤粉,然后向煤粉均匀喷洒纯水并混合均匀,将煤粉放入特制的不锈钢模具,使用压力试验机持续以 50 MPa 的力加压 3 h 制成大小为 $\phi 50$ mm × 100 mm 的型煤。煤粉用量和纯水用量是经验值,20 ～ 40 目煤粉用量是 248 g,40 ～ 60 目煤粉用量是 230 g,60 ～ 80 目煤粉用量是 220 g,纯水用量统一为 30 g。使用恒温干燥箱将制备好的饱水型煤烘干至试验设定的含水量煤样,用于合成不同瓦斯水合物饱和度的试样。

4.1.4　饱和度计算

目前,多孔介质体系内水合物饱和度计算主要有两种方法:一是采用持续供气的气饱和法,假设水分完全反应,通过初始含水量计算水合物饱和度;二是根据水合物生成过程消耗的气体量来计算水合物饱和度。煤层赋存一定量的瓦斯,瓦斯含量是有限的,另外,考虑到即使采用气饱和法,水分也难以完全参与反应,因此,本节采用一次性供气的方式。瓦斯水合物生成是气体小分子进入氢键构建的"笼"内的过程,伴随着气相物质的减少,因此,基于理想气体状态方程计算某一时刻气相空间物质的量,结合水合反应化学方程式,进而通过水合物生成前后气相空间物质的量的差值计算水合物的生成量。在某一确定时刻,假定三轴室内水合物生成所消耗的物质的量等于气相空间物质的量的变化值。气体消耗量可通过以下公式计算:

$$(\Delta n_\downarrow)_t = \left(\frac{p_i V_c}{R Z_i T_i}\right)_0 - \left(\frac{p_e V_c}{R Z_e T_e}\right)_t \tag{4.1}$$

式中　$(\Delta n_\downarrow)_t$——t 时刻气体消耗量,mol;

　　　p_i、T_i——生成初始时刻压力、温度;

　　　p_e、T_e——生成结束时刻压力、温度;

　　　Z_i、Z_e——生成初始时刻、生成结束时刻压缩因子,压缩因子计算方法见相关文献;

　　　R——理想气体常数,取 8.314;

　　　V_c——煤样总孔隙体积。

CH_4－水体系生成 sI 型水合物,sI 型水合物由 46 个水分子组成,有两个小孔穴和 6 个大

孔穴。水合物的质量可通过三轴室内气体消耗量计算,如下:

$$m_h = (\Delta n_\downarrow)_t \times M_h \tag{4.2}$$

式中　　m_h —— 水合物质量,g;

　　　　M_h —— 水合物的莫尔质量,取 124 g/mol。

　　根据水合物质量与密度,可以计算水合物体积,如下:

$$m_h = V_h \times \rho_h \tag{4.3}$$

式中　　ρ_h —— 水合物密度,取 0.91 g/cm³;

　　　　V_h —— 水合物体积,cm³。

　　煤样总孔隙体积 V_c 可由式(4.4)得到。水合物饱和度 S_h 是衡量水合物赋存状态的重要参数,可通过式(4.5)获得。

$$V_c = m_c \times V_g \tag{4.4}$$

$$S_h = V_h / V_c \tag{4.5}$$

式中　　V_c —— 煤样总孔隙体积,cm³;

　　　　m_c —— 煤样质量,g;

　　　　V_g —— 煤样孔容,根据压汞测试结果,为 0.07 cm³/g;

　　　　S_h —— 水合物饱和度。

4.1.5　煤体中瓦斯水合物的生成

1.瓦斯水合物合成 CT 检测

　　为了证明煤体中存在瓦斯水合物,课题组利用 CT 检测法对煤体中水合物进行了观测试验,所用的试验仪器和材料如下:

　　仪器:直径为 10 mm,高为 70 mm 的反应釜。

　　材料:3 mL 的去离子水;粒径为 60 ～ 80 目的煤粉;试验气样为体积分数为 99.99% 的甲烷。

　　相平衡温度和压力分别为 2 ℃ 和 6.5 MPa。

　　实验室制备的不同水合物饱和度的瓦斯水合物－煤矸石样品的 CT 扫描图如图 4.2、图 4.3 所示,其中蓝色为水,黄色为水合物,灰色为煤粉,白色为煤矸石。从图中可以看出,煤样中形成了水合物。

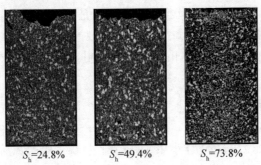

$S_h=24.8\%$　　　$S_h=49.4\%$　　　$S_h=73.8\%$

图 4.2　样本左视图(彩图见附录)

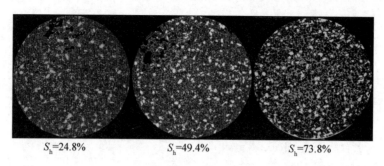

$S_h=24.8\%$　　　　$S_h=49.4\%$　　　　$S_h=73.8\%$

图 4.3　　样本垂直视图(彩图见附录)

　　同时,本课题组利用 X－CT 装置对不同水合反应时刻含瓦斯水合物煤样微观分布状态进行了预试验研究,获得了不同饱和度条件下试样 X－CT 扫描图像(图 4.4,其中,黑色代表甲烷气泡,蓝色代表水,黄色代表水合物,灰色代表煤颗粒)。预试验发现,水合物在煤颗粒孔隙中的分布随着水合物饱和度有明显差异,水合物与煤颗粒界面紧密接触。预试验结果证实了利用 X－CT 装置观察煤体中瓦斯水合物微观分布是可行的,为本项目顺利实施提供了扎实的理论和实践基础。

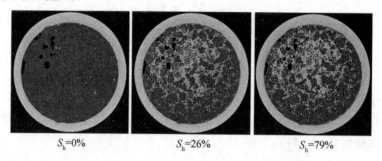

$S_h=0\%$　　　　　　$S_h=26\%$　　　　　　$S_h=79\%$

图 4.4　　煤体中瓦斯水合过程不同时刻试样 X－CT 扫描图(彩图见附录)

2.瓦斯水合物在煤粉中的生成

　　为了证明煤体中存在瓦斯水合物,课题组进行了另一组试验:在低温高压装置中进行了瓦斯水合物在煤体中的生成试验。反应釜直径为 3 cm,高度为 20 cm,体积为 141 cm³。试验所用水为去离子水,煤粉粒径为 60～80 目,试验气样为体积分数为 99.99% 的甲烷,相平衡温度和压力分别为 0.5 ℃ 和 4.0 MPa。

　　从图 4.5 可以看出,煤样中存在瓦斯水合物。但是需要注意的是,在进行 CT 扫描和瓦斯水合物生成测试时,使用的是煤粉,手工按压。在对瓦斯水合物－煤粉混合料进行力学试验时,采用压力机制作煤样。因此,由于设备的限制,无法在机械试验中直接证实煤样中存在瓦斯水合物。

3.型煤中瓦斯水合物生成

　　(1)煤体中瓦斯水合物生成试验。

　　图 4.6 所示为瓦斯水合物在煤体中生成路径图,从煤体吸附瓦斯,到瓦斯水合物在煤体中生成所需时间一般为 40 h。具体过程如下:首先,将煤样放于下压头上表面,使用热缩管包裹煤样与下压头,再将上压头放于煤样上表面,使用热风枪对热缩管进行加热,包裹煤样以保证密封性,注入围压油,注满后关闭阀门,略施轴压,压住煤样,缓慢加载围压至预定值,

(a) 水合物生成前	(b) 水合物生成后1	(c) 水合物生成后2

图 4.5　瓦斯水合物在煤体中生成

此时温度一般为 293.15 K，压力为常压，对应图 4.6 中(a)；之后，通入瓦斯气体，排出，重复 3 次以置换管线内原有空气，置换结束后，施加瓦斯压力至 6 MPa，充入气体所需时间一般为 0.5 h，开始吸附，此时对应图 4.6 中(b)。当气体进入煤样后，由于煤对瓦斯的吸附作用，气体压力会迅速下降，吸附持续时间为 16 h，本文主要以压力保持稳定为标准判断瓦斯吸附是否达到平衡。吸附结束，此时对应图 4.6 中(c)，打开恒温水浴装置进行制冷，降低三轴反应室温度至 273.65 K，制冷过程一般需耗时 6 h，由于受制冷效率、环境温度等影响，不同组次试验制冷至 273.65 K 所需时间有一定差别，制冷至 273.65 K 后开始水合物生成试验。降温至 273.65 K 时，根据水合物相平衡理论，此时已经有水合物生成，对应图 4.6 中(d)，水合物生成持续时间为 18 h。

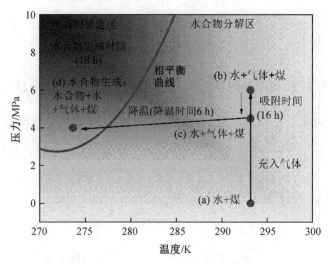

图 4.6　瓦斯水合物在煤体中生成路径图

(2) 瓦斯水合物生成过程气体消耗量。

在水合物生成阶段，气体消耗量越大，说明越多的气体分子进入了"水合物笼"内参与水合物形成，形成的水合物量也就越大。图 4.7 给出了不同含水量下煤体中瓦斯水合物生成试验气体消耗量曲线。由图可知,按气体消耗量变化的趋势,可将气体消耗量曲线分为4个阶段,分别为吸附阶段、吸附平衡阶段、水合物生成阶段和生成平衡阶段。吸附阶段,气体消耗量的增大主要是由于瓦斯吸附于煤基质表面和溶解于水。瓦斯吸附结束时刻,不同含水量体系气体消耗量差别较小,含水量较小体系达到吸附平衡时间较短。气体消耗量保持不变一段时间后,吸附达到平衡,进入吸附平衡阶段。吸附平衡阶段持续一段时间后,开始降温至预设温度,进入水合物生成阶段。随着温度逐渐降低至相平衡温度之下,气体消耗量开始增大,水合物开始生成。水合物生成初始阶段,气体消耗量增长较快,可能是受温度下降的影响。随着温度逐渐趋于稳定,温度对气体消耗量影响逐渐变小。含水量较大体系气体消耗量斜率和最终气体消耗量均大于含水量较小体系,说明含水量较大体系中水合物生成速率和生成量均高于含水量较小体系。一段时间后,气体消耗量保持稳定,水合物生成结束。分析认为,同等围压条件下,含水量越大,水合物生成过程气液接触面积越大,越有利于水合物晶核的形成与生长。

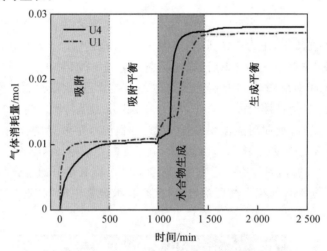

图 4.7　不同含水量煤体中瓦斯水合物生成过程气体消耗量曲线

4.2　围压对含瓦斯水合物煤体力学性质的影响

为了研究围压对含瓦斯水合物煤体力学性质的影响,本节进行了含瓦斯水合物煤体的常规三轴试验和恒轴压卸围压试验,研究围压对含瓦斯水合物煤体强度特性、变形特性和破坏形式的影响。

4.2.1　含瓦斯水合物煤体常规三轴试验

1.试验步骤及方案

本试验使用煤样取自龙煤集团新安煤矿8#上煤层,试验用水是经过赛默飞二级纯水系统处理后的 II 级纯水。试验气样为体积分数为99.99%的甲烷,由哈尔滨通达气体有限公司提供。试验包括两部分:其一是煤体中瓦斯水合物生成试验;其二是含瓦斯水合物煤体原位三轴试验。

具体的试验步骤如下:

(1) 煤体中瓦斯水合物生成试验。

① 首先将制作好的型煤煤样按照要求安装在三轴压力室中,安装好各种辅助设备,检查气密性。

② 试验时先对煤样略加轴压,将煤样压住,然后分级由低至高施加围压和瓦斯压力至设定值,瓦斯气体注入完成。

③ 煤体瓦斯吸附开始,所有试验按照时间节点,统一吸附 16 h,避免吸附时间对试验结果的影响。

④ 吸附完成后,将反应釜内部温度降低至 0.5 ℃,开始瓦斯水合物生成试验,瓦斯水合物生成试验持续 24 h。

为保证不同组次试验之间吸附过程、水合物生成过程的一致性,同时也为了更好地进行对比分析,本试验中严格控制试验节点,每次试验中瓦斯吸附的开始和结束时间均为同一时刻,水合物生成的开始和结束时间也均为同一时刻,每次的持续时间也均相同。

(2) 含瓦斯水合物煤体原位三轴试验。

含瓦斯水合物煤体原位三轴试验分为常规三轴试验和卸围压试验两种类型,常规三轴为卸围压试验提供卸荷起始点。含瓦斯水合物煤体常规三轴试验:以 0.01 mm/s 的速率施加轴向应力,直至试样破坏或轴向应变达到 15%。对于偏应力 — 应变曲线,存在峰值点的,取峰值点对应的轴向应力为峰值应力;无峰值点的,取轴向应变达到 15% 对应的轴向应力为峰值应力。受引伸计量程限制,轴向应变未达到 15% 的取最大轴向应变对应的轴向应力为峰值应力。含瓦斯水合物煤体卸围压试验:基于常规三轴试验得到的峰值强度确定卸荷起始点轴向应力(约峰值应力的 70%),以 0.05 kN/s 的速率施加轴向应力至卸荷起始值,当轴向应力达到卸荷起始点后,保持轴向应力不变,同时,以 0.01 MPa/s 的速率卸围压。当试样失稳破坏后,更改轴向应力控制方式为位移控制,速率为 0.01 mm/s,直至围压降低至目标值,试验结束,三轴加载试验试样基本特征见表 4.1。表中 d 为试样的直径,h 为试样的高度,m 为试样的质量,σ_3 为围压,S_h 为试样的水合物饱和度。

表 4.1　三轴加载试验试样基本特征

试验编号	d/mm	h/mm	m/g	σ_3/MPa	S_h/%
I — 20% — 20	50.46	101.26	242.35	20	20
I — 20% — 16	50.46	97.36	239.94	16	20
I — 20% — 12	50.34	101.44	241.49	12	20
I — 50% — 20	50.71	96.96	239.65	20	50
I — 50% — 16	50.74	97.81	240.59	16	50
I — 50% — 12	50.71	98.86	241.02	12	50
I — 80% — 20	50.77	98.55	244.31	20	80
I — 80% — 16	50.50	98.85	241.35	16	80
I — 80% — 12	50.68	97.69	243.44	12	80

2. 常规三轴试验含瓦斯水合物煤体偏应力 — 应变曲线分析

在高围压条件下,含瓦斯水合物煤体偏应力 — 应变曲线为应变硬化,破坏类型为塑性破坏,无明显压密阶段,具有 3 个明显的阶段,如图 4.8 所示:① 弹性段(OA)。在此阶段,随偏应力增大,试样轴向应变呈近似线性增大,径向应变变化较小,煤样处于弹性段,弹性段较长。② 屈服段(AB)。在此阶段,煤样发生塑性变形,偏应力 — 应变曲线斜率变小,轴向应变开始出现明显增大,屈服段较短。③ 强化段(BC)。在此阶段,在高围压的作用下,煤样能承受的偏应力逐渐增大,轴向应变、径向应变快速增大。

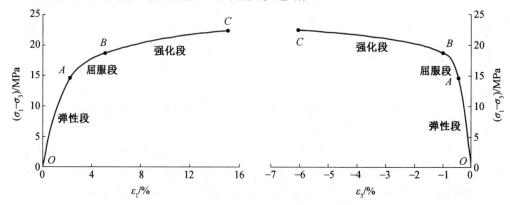

图 4.8　偏应力－应变阶段示意图

图 4.9 所示为不同饱和度与初始围压条件下含瓦斯水合物煤体偏应力－应变曲线。从图 4.9 中可以看出:含瓦斯水合物煤体的力学特征随围压和水合物饱和度的变化规律相同,煤样偏应力－轴向应变曲线均呈强硬化塑性破坏型,随着围压增大,硬化程度逐渐显著,延性增加;煤体的体积应变可以分为剪涨和剪缩两种形态,体积应变为正表示剪缩,体积应变为负表示剪胀,当围压为 16 MPa、20 MPa 时,轴向应变较小条件下,不同饱和度的体积应变相差不大,说明高围压会抑制饱和度对含瓦斯水合物煤体体积应变的影响。两种含瓦斯水合物煤体内部颗粒处于密实状态,并没有明显的压密现象,没有出现破坏;根据含瓦斯水合物煤体的偏应力－轴向应变曲线特征,可以将其划分为 3 个阶段:弹性阶段、屈服阶段和强化阶段,没有明显的压密阶段。

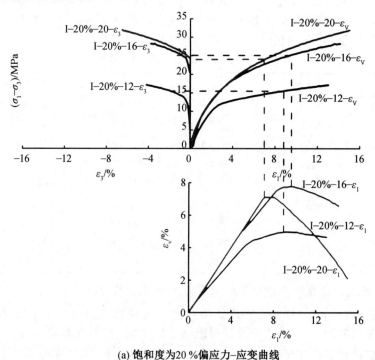

(a) 饱和度为20%偏应力-应变曲线

图 4.9　不同饱和度与初始围压条件下含瓦斯水合物煤体偏应力－应变曲线

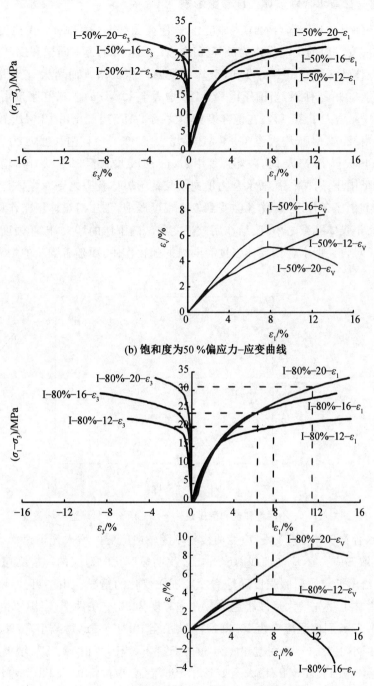

(b) 饱和度为50 %偏应力–应变曲线

(c) 饱和度为80 %偏应力–应变曲线

续图 4.9

3.围压对含瓦斯水合物煤体强度参数影响

高应力条件下含瓦斯水合物煤体偏应力—应变曲线呈应变硬化,无应力跌落,因此选取 15％ 轴向应变对应的偏应力作为破坏强度。图 4.10 所示为不同饱和度和围压条件下含瓦斯水合物煤体破坏强度。由图可知,破坏强度随围压的增大而增大。当围压为 12 MPa 时,在饱和度为20％ 条件下,当围压由 12 MPa 增大至 20 MPa 时,破坏强度由 17.16 MPa 增大至 31.94 MPa,增大了86.1％;在饱和度为 50％ 条件下,当围压由 12 MPa 增大至 20 MPa 时,破坏强度由22.01 MPa 增大至 30.59 MPa,增大了 39.0％;在饱和度为 80％ 条件下,当围压由 12 MPa 增大至 20 MPa 时,破坏强度由 22.41 MPa 增大至 33.41 MPa,增大了 49.1％。分析认为,较低围压条件下,瓦斯水合物填充或胶结于煤体孔隙之中对煤体强度的强化作用明显;而在较高围压条件下,煤体孔隙受到较大程度压缩,围压对煤体压密作用较大,瓦斯水合物颗粒分布于煤体孔隙之中,胶结作用效果变弱。随围压的增大,破坏强度基本呈线性增大。说明围压对含瓦斯水合物煤体强度有明显的强化作用,而随着围压的增大,强化作用仍然明显。

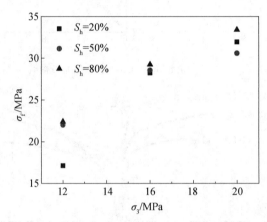

图 4.10　　不同饱和度和围压条件下含瓦斯水合物煤体破坏强度

含瓦斯水合物煤体偏应力—应变曲线斜率随轴向应变的增大先迅速增大,之后逐渐减小直至稳定,取偏应力—应变曲线斜率开始发生明显变化时对应的偏应力值为起始屈服强度。图 4.11 给出了起始屈服强度随饱和度和围压变化的情况。由图可知,随围压增大,起始屈服强度总体上呈先增大后减小趋势。在饱和度为 20％ 条件下,当围压由 12 MPa 增大至 20 MPa 时,起始屈服强度先由 10.80 MPa 减小至 10.31 MPa,再减小至 8.83 MPa,先减小了4.54％,后减小了 14.35％;在饱和度为 50％ 条件下,当围压由 12 MPa 增大至 20 MPa 时,起始屈服强度先由 14.91 MPa 增大至 15.29 MPa,后减小至 12.91 MPa,先增大了2.54％,后减小了15.57％;在饱和度为 80％ 条件下,当围压由 12 MPa 增大至 20 MPa 时,起始屈服强度先由 12.60 MPa 增大至 12.91 MPa,后减小至 9.44 MPa,先增大了 2.46％,后减小了26.88％。这种变化规律与张保勇提出的含瓦斯水合物煤体的初始屈服强度随着围压的增加呈线性关系增加不同,这可能是因为作者所用围压为较高围压。

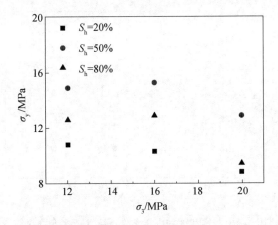

图 4.11　不同饱和度和围压条件下含瓦斯水合物煤体起始屈服强度

4.围压对含瓦斯水合物煤体变形参数的影响

刚度是试样抵抗变形的能力,一般用弹性模量来表示。其中,弹性模量是对弹性阶段中两点进行拟合,得到的拟合曲线斜率。图 4.12 给出了不同围压条件下饱和度与弹性模量关系。由图可知,试验中在 3 种饱和度下,弹性模量均随围压的增大而增大。在饱和度为 20% 条件下,当围压由 12 MPa 增大至 20 MPa,弹性模量由 416 MPa 增大至 793 MPa,增大了 90.63%;在饱和度为 50% 条件下,当围压由 12 MPa 增大至 20 MPa,弹性模量由 598 MPa 增大至 1 211 MPa,增大了 102.51%;在饱和度为 80% 条件下,当围压由 12 MPa 增大至 20 MPa,弹性模量由 637 MPa 增大至 684 MPa,增大了 7.38%。分析认为,弹性模量随围压的增大而增大,是因为煤中多有微孔隙、微裂隙、细小层理等微缺陷的存在。受围压增大的影响,孔隙空间缩小,接触面积加大,导致了弹性模量的增大。

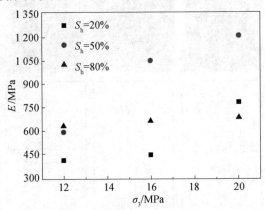

图 4.12　不同饱和度和围压条件下含瓦斯水合物煤体弹性模量

本节中泊松比为破坏强度 50% 时所对应的径向应变值与轴向应变值的比值的绝对值。图 4.13 给出了饱和度和围压对泊松比的影响。由图可知,泊松比随围压变化规律不明显;随饱和度增大,泊松比总体呈增大趋势,说明在相同围压下,饱和度更高的含瓦斯水合物煤体具有更大的径向变形,当饱和度由 20% 增大至 80% 时,泊松比分别增大了 0.16(12 MPa)、0.04(16 MPa)、0.03(20 MPa),说明随围压增大,饱和度对泊松比影响变小,分析认为,围压会限制试样的侧向变形,所以围压增大降低了饱和度对泊松比的影响。

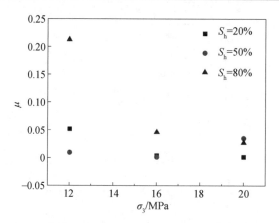

图 4.13　不同饱和度和围压条件下含瓦斯水合物煤体泊松比

5.含瓦斯水合物煤体破坏形式

图 4.14 给出了含瓦斯水合物煤体破坏形式,其中,破坏形式的图片是在煤样经历三轴试验后获取,煤样破坏后强度低,部分煤样在取出过程破碎,无法拍照,导致部分煤样破坏形式照片缺失。由图可知,含瓦斯水合物煤体没有出现类似于岩石般的破坏形式,仍然为较为完整的圆柱体,破坏以环向剪胀破坏为主,表现为塑性变形,多呈腰鼓状,I－50％－12 试样延展性好,表面未见明显裂纹,高饱和度试样裂纹较少,且明显程度较低。

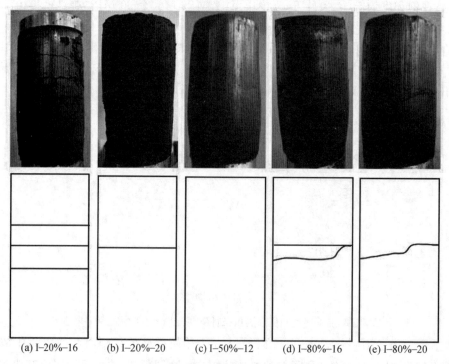

(a) I-20%-16　　(b) I-20%-20　　(c) I-50%-12　　(d) I-80%-16　　(e) I-80%-20

图 4.14　常规三轴试验含瓦斯水合物煤体破坏形式

4.2.2　含瓦斯水合物煤体恒轴压卸围压试验

1.试验步骤及内容

（1）首先对编号的型煤进行瓦斯水合物生成试验，制备不同水合物饱和度的试样。

（2）根据三轴加载试验确定的卸围压开始的轴向应力值（表 4.2），开始使用负荷控制方式施加轴压，加载轴压到设定值，加载速率 0.01 kN/s。

（3）轴压到达设定值后，轴压恒定开始卸围压，采用应力控制方式，卸围压速率0.01 MPa/s。

（4）试样失稳破坏后，轴向应力以位移控制方式开始加载，加载速率 0.01 mm/s。

表 4.2　试验条件及试样基本特征

试样编号	卸荷起始时刻轴向应力 /MPa	d/mm	h/mm	m/g	V/cm³
U1	21.41	50.70	102.77	243.00	829.49
U2	19.99	50.68	102.70	243.10	828.27
U3	15.41	50.55	101.15	241.27	811.59
U4	23.39	50.69	99.82	240.43	805.36
U5	20.47	50.60	102.12	242.29	820.99
U6	15.69	50.55	103.80	243.32	832.85

（5）围压卸载到 6 MPa 时必须停止，初始瓦斯压力 6 MPa，必须确保围压大于气压，否则会导致试验失败。

（6）轴压继续加载，直到试样残余强度保持不变。

（7）更换型煤试样，按照上述步骤，开始下一组试验。

2.恒轴压卸围压下含瓦斯煤体应力－应变曲线分析

图 4.15 给出了不同围压、饱和度条件下含瓦斯水合物煤体应力、应变随时间变化曲线。在轴向应力达到卸荷起始点后保持恒定，开始卸围压。在卸围压作用下，含瓦斯水合物煤体承载轴向应力一段时间后才会破坏，破坏后含瓦斯水合物煤体承载能力随着围压的降低而降低，当围压降低至预定值后还有一定的承载能力。因此，含瓦斯水合物煤体的应力状态可分为三个阶段，即应力平台阶段、破坏失稳阶段和残余应力阶段。开始卸围压后，试样在自身强度和围压共同作用下还可以继续承受初始轴向应力，因此具有应力平台阶段；随着围压的卸除，试样没法承受轴压，试样开始破坏，轴向应力开始降低。破坏后含瓦斯水合物煤体承载能力随着围压的降低而降低，当围压降低至预定值后还有一定的承载能力，轴向应力基本保持稳定，不再随着轴向应变改变。

由图可以看出，围压越高，应力平台阶段持续时间越长。当饱和度为 50％ 时，应力平台持续时间分别为 3.51 min（12 MPa）、5.34 min（16 MPa）、9.01 min（20 MPa）；当饱和度为80％ 时，应力平台持续时间分别为 4.69 min（12 MPa）、6.70 min（16 MPa）、10.73 min（20 MPa）。这是因为围压对煤样具有压密作用，围压越大，压密作用越明显，煤样内部微裂隙闭合程度和颗粒之间的作用越紧密，因此，围压越大，应力平台持续时间越长。

分析发现，应力平台持续时间随饱和度和围压的增大呈近似线性增大，因此，为明确饱

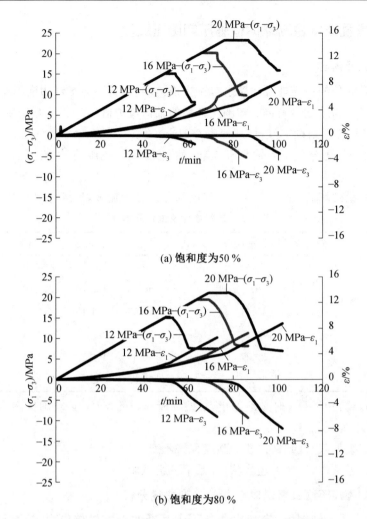

(a) 饱和度为50 %

(b) 饱和度为80 %

图 4.15　含瓦斯水合物煤体应力、应变随时间变化曲线

和度和围压对应力平台持续时间的耦合影响关系、预测应力平台持续时间随饱和度和围压的变化趋势,建立围压、饱和度与应力平台持续时间 T_p 的多元线性回归方程,如下所示:

$$T_p = a\sigma_3 + bS_h + c \tag{4.6}$$

式中　a、b、c——回归系数。基于图 4.15 中的相关数据,利用多元线性回归分析方法,可确定多元线性回归方程的回归系数,如下:

$$T_p = 0.721\sigma_3 + 0.047S_h - 7.953 \tag{4.7}$$

基于图 4.15 中相关数据,对多元线性回归方程(4.7)进行检验,得到 R^2 为 0.965,说明此多元线性回归方程与数据拟合度良好,能较好地表达围压 σ_3、饱和度 S_h 与应力平台持续时间 T_p 之间的耦合关系。

另外,卸围压开始后,含瓦斯水合物煤体轴向应变在应力平台阶段的前部分变化与加载过程变化相差较小,这是由于含瓦斯水合物煤体在三轴应力状态下的承载能力由其自身的强度和围压共同决定,含瓦斯水合物煤体的弱化破坏可以是轴向应力增加至三轴抗压强度,也可以是围压的降低导致含瓦斯水合物煤体三轴抗压强度低于轴向应力,而此时刻应力尚小于初始围压下含瓦斯水合物煤体屈服应力,所以在卸围压开始后轴向应变较小。随着围压的降低,含瓦斯水合物煤体屈服所需应力减小,当轴向应力大于含瓦斯水合物煤体屈服应力后,含瓦斯水合物煤体轴向应变速度增大。因此,从轴向应变的角度,可以将应力平台阶段分为屈服前、屈服后阶段。

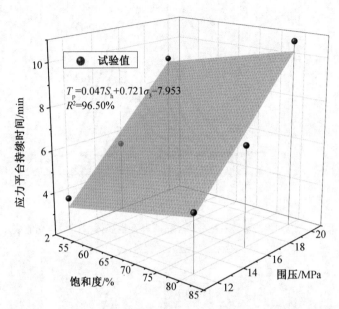

$$T_p=0.047S_h+0.721\sigma_3-7.953$$
$$R^2=96.50\%$$

图 4.16　不同围压、饱和度下应力平台持续时间与多元回归方程拟合结果

含瓦斯水合物煤体径向应变较小,这是因为围压对含瓦斯水合物煤体变形起到限制作用,且本试验采用的高围压条件加大了这种限制。卸围压开始后,含瓦斯水合物煤体径向应变在应力平台阶段变化较小,而在破坏失稳阶段变化较大。在破坏失稳阶段,由于含瓦斯水合物煤体已经破坏,无法承载比卸围压起点更大的轴向应力,为了获得含瓦斯水合物煤体在破坏后的力学特性,更改轴向应力控制方式为位移控制,所以在破坏失稳阶段,轴向应变、径向应变随时间呈近似线性变化。

3.卸荷路径下含瓦斯水合物煤体围压与应变关系

图 4.17、图 4.18 给出了不同围压、饱和度条件下含瓦斯水合物煤体围压与应变关系曲线。由图可知:

(1)轴向应变在卸荷过程中随围压的增大而增大。在饱和度为 80% 条件下,卸围压开始时刻,较高围压的含瓦斯水合物煤体的轴向应变大于较低围压的轴向应变,随着卸围压的进行,围压为 16 MPa 和围压为 20 MPa 的轴向应变之间的差值逐渐减小,卸围压至 9.87 MPa 时,两者交叉,之后围压为 20 MPa 的轴向应变小于围压为 16 MPa 的;在饱和度为 50% 条件下,随着卸围压的进行,三种围压的轴向应变差值不变,接近平行。

(2)卸荷初期阶段,径向应变增长缓慢,对应于偏应力－应变曲线应力平台阶段,试样可以承载轴向力,试样变形小,径向应变随围压降低线性变化。随着围压继续卸载,试样不能承载轴向力,试样开始破坏,径向应变开始增大,不再随围压降低线性增大。

(3)体积应变由轴向应变和径向应变共同控制,卸围压开始前,含瓦斯水合物煤体体变小,处于压缩状态。卸围压开始后,体积应变曲线开始左拐,试样体积开始膨胀,试验结束后,饱和度为 50% 的含瓦斯水合物体积应变全为负值,试样发生扩容现象;饱和度为 80%

的含瓦斯水合物体积应变全为正值,试样压缩,说明水合物在煤体中大量生成提高了其强度和抵抗变形的能力。

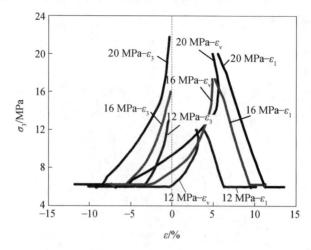

图 4.17　饱和度为 50% 条件下含瓦斯水合物煤体围压与应变曲线

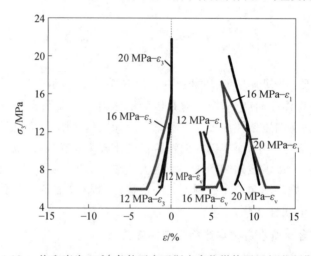

图 4.18　饱和度为 80% 条件下含瓦斯水合物煤体围压与应变曲线

4.含瓦斯水合物煤体破坏形式

图 4.19 给出了卸围压下含瓦斯水合物煤样的破坏照片。在卸围压结束点不变的条件下,围压越高,煤样破坏程度越剧烈。在较低饱和度(U2 和 U3)条件下,随着围压增加,煤样破坏形态由单一剪切断面向以剪切断面为主、伴随劈裂破坏模式转变。三轴压缩下,受围压的限制作用,煤样破坏形态表现为单一的剪切破坏。而卸围压过程相当于施加给了煤样径向上一个拉应力,削弱了围压对煤样裂隙发育的限制作用,不过,由于围压并未降低至 0,围压对煤样还有一定的限制作用,因此,卸围压下煤样随围压增大表现出了由单一剪切破坏向以剪切破坏为主、伴随一定劈裂破坏的破坏形态转变的趋势。这种形态是介于单轴和常规三轴之间的一种状态。

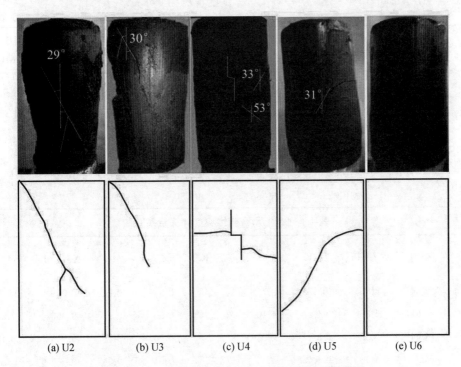

图 4.19   卸荷试验中含瓦斯水合物煤体破坏形式

4.2.3   饱和度和围压对含瓦斯水合物煤体力学性质的影响

1.试验步骤及方案

本试验由两部分组成,分别为煤体中瓦斯水合物生成试验和含瓦斯水合物煤体原位三轴试验。分别进行不同初始含水量煤体中瓦斯水合物生成和常规三轴、卸围压路径下三轴试验。具体试验步骤在上一节已详细给出,具体试验方案见表 4.3。表 4.4 为卸围压条件下瓦斯水合物饱和度计算结果,m_c 为初始含水量。

表 4.3   含瓦斯水合物煤体三轴试验方案及基本参数

试验编号	应力路径	理论初始含水量 m_c/g	试样直径 D/mm	试样高度 H/mm	煤粉质量 m/g	密度 ρ /(g·cm^{-3})	围压 σ_3/MPa
L1		6.64	50.71	96.96	239.65	1.22	20
L2		6.64	50.74	97.81	240.59	1.22	16
L3	常规三轴	6.64	50.71	98.86	241.02	1.21	12
L4		10.62	50.77	98.55	244.31	1.23	20
L5		10.62	50.50	98.85	241.35	1.22	16
L6		10.62	50.68	97.69	243.44	1.24	12

续表4.3

试验编号	应力路径	理论初始含水量 m_c/g	试样直径 D/mm	试样高度 H/mm	煤粉质量 m/g	密度 ρ /(g·cm^{-3})	围压 σ_3/MPa
U1		6.64	50.70	102.77	243.00	1.17	20
U2		6.64	50.68	102.70	243.10	1.17	16
U3	卸围压	6.64	50.55	101.15	241.27	1.19	12
U4		10.62	50.69	99.82	240.43	1.19	20
U5		10.62	50.60	102.12	242.29	1.18	16
U6		10.62	50.55	103.80	243.32	1.17	12

表 4.4　　瓦斯水合物饱和度计算结果

试验编号	m_c/g	p_i/MPa	T_i/K	p_e/MPa	T_e/K	Z_i	Z_e	$\Delta n_\downarrow$ /mol	S_h/%
U1	6.64	4.85	293.75	2.77	273.65	0.91	0.94	0.015 5	11.91
U2	6.64	5.55	294.05	4.10	273.65	0.90	0.91	0.009 4	7.21
U3	6.64	5.38	293.45	4.23	273.65	0.90	0.90	0.006 7	5.19
U4	10.62	4.90	294.45	2.66	273.65	0.91	0.94	0.016 6	12.90
U5	10.62	5.26	292.25	3.55	273.65	0.90	0.92	0.012 3	9.47
U6	10.62	5.68	295.55	3.98	273.65	0.90	0.91	0.011 3	8.73

2.饱和度和围压对含瓦斯水合物煤体力学性质影响分析

（1）煤体中瓦斯水合物生成。

图 4.20 给出了卸围压应力路径下瓦斯吸附过程压力变化曲线。由图可知，围压 20 MPa 条件下，较低含水量煤样吸附时间较短，不同含水量煤样吸附过程压力变化差别较小；围压 16 MPa 条件下，较低含水量煤样吸附时间较短，吸附过程压力下降较小；围压 12 MPa 条件下，较高含水量煤样吸附时间较短，吸附过程压力下降较小。含水量 10.62 g 条件下，吸附过程压力降低、吸附时间随围压增大而增大；含水量 6.64 g 条件下，随围压增大，吸附过程压力降低呈增大趋势，吸附时间增大。

分析认为，由于煤分子与水分子之间氢键大于煤分子与甲烷分子之间的范德瓦耳斯力，水分子在煤体表面与甲烷分子发生竞争吸附时，更易争取到吸附位，造成甲烷游离量的增大和吸附量的减少，相同条件下，吸附量越少，吸附时间越短，因此，围压 12 MPa 下的较高含水量煤样吸附时间较短。高围压对煤样孔隙具有较强的压密作用，可能影响孔隙内水分的分布及赋存状态，而煤样内水分状态达到重新稳定需要耗费一定的时间，此时间内水分的状态变化会造成瓦斯吸附状态的变化，进而增大瓦斯吸附时间，因此，围压 16 MPa 下，较高含水量煤样吸附时间较长。

图 4.21 给出了不同含水量和围压条件下瓦斯水合物饱和度。由图可知，随初始含水量的增大，不同围压下饱和度均增大。随含水量由 6.64 g 增大至 10.62 g，饱和度分别由 11.91%（20 MPa）、7.21%（16 MPa）、5.19%（12 MPa）增大至 12.90%、9.47%、8.73%，增大

了 8.31％、31.35％、68.21％。分析认为,煤样的含水量越高,其可以参与水合反应的水分越多,相同围压下生成的水合物量也就越多,即水合物饱和度越高。

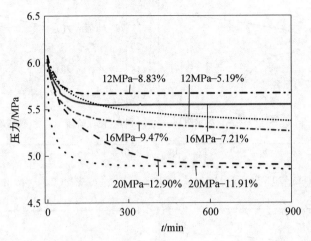

图 4.20　瓦斯吸附过程压力变化曲线

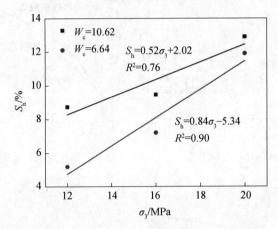

图 4.21　不同含水量和围压条件下瓦斯水合物饱和度

（2）常规三轴和卸围压应力路径下含瓦斯水合物煤体应力－应变特性对比。

图 4.22 给出了不同应力路径下含瓦斯水合物煤体轴向应力－应变曲线。由图可知,常规三轴（L1～L6）下含瓦斯水合物煤体应力－应变曲线主要分为裂隙压密阶段、线弹性阶段、塑性屈服和强化阶段。卸围压前,卸围压（U1～U6）路径下含瓦斯水合物煤体应力－应变曲线阶段与常规三轴下基本相同,由于煤体自身孔隙、裂隙较发育,均一性较差,卸荷点前应力－应变曲线有较小差别。

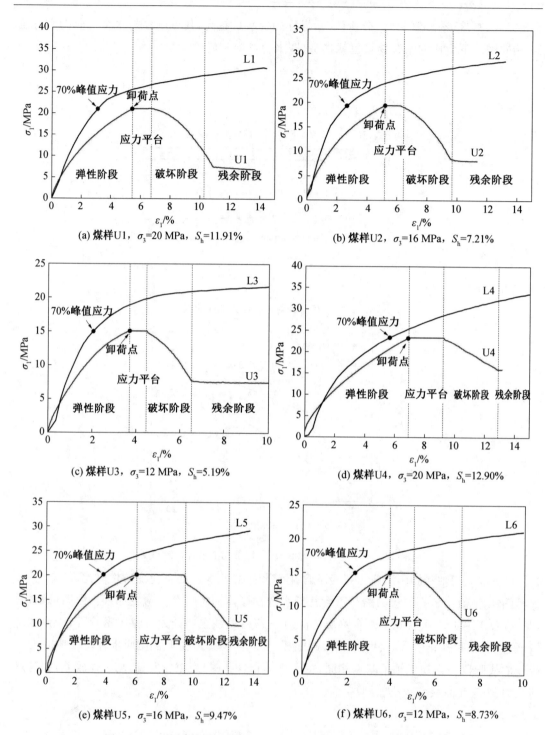

图 4.22　不同应力路径下含瓦斯水合物煤体轴向应力－应变曲线

卸围压开始后,含瓦斯水合物煤体应力－应变曲线主要分为应力平台阶段、破坏阶段和残余阶段。轴向应力达到预定卸荷应力后,轴向应力保持不变,围压开始减小。煤样的三轴抗压强度由煤样自身的强度和围压共同构成。围压开始降低的初始阶段,轴向应力小于煤样的三轴抗压强度,所以出现了轴向应力保持不变的应力平台。

随着围压的进一步降低,轴向应力逐渐大于煤样的三轴抗压强度,煤样出现了应力的突然降低,发生了破坏。在破坏失稳阶段,由于煤样已经发生破坏失稳,无法承载更大的应力,更改加载方式为位移控制,此阶段煤样的承载能力随围压的降低而降低,应变变化速度几乎不变。在残余阶段,围压降至预设值后保持不变,煤样的承载能力也随之保持不变,说明破坏失稳和残余阶段煤样的承载能力主要来源于围压。

在矿井采掘工作面,采掘作业会在对工作面煤岩产生卸围压作用。当瓦斯水合物在煤体中生成后,在卸围压作用下,煤岩能承载的最大应力明显减小,且在应力保持不变的情况下也会发生破坏失稳,其破坏的发生更加容易、更具突然性,煤岩更容易发生煤与瓦斯突出等动力灾害,动力灾害的发生也更具突然性。

(3) 饱和度和围压对应力平台持续时间影响。

图 4.23 给出了不同围压和饱和度下应力平台持续时间。由图可知,含瓦斯水合物煤样应力平台持续时间随饱和度、围压增大而增大。随饱和度增大,煤样应力平台持续时间分别增大了 1.38 min(20 MPa)、0.95 min(16 MPa) 和 1.55 min(12 MPa),增长百分比分别为 16.16%(20 MPa)、18.16%(16 MPa) 和 46.11%(12 MPa)。在围压为 20 MPa 和饱和度为 12.90% 下,应力平台持续时间达到最大,为 9.92 min。

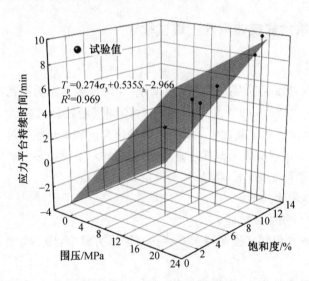

图 4.23 不同围压、饱和度下应力平台持续时间与多元回归方程拟合结果

分析发现,应力平台持续时间随饱和度和围压的增大呈近似线性增大,因此,为明确饱和度和围压对应力平台持续时间的耦合影响关系、预测应力平台持续时间随饱和度和围压的变化趋势,建立围压、饱和度与应力平台持续时间 T_p 的多元线性回归方程,如下所示:

$$T_p = a\sigma_3 + bS_h + c \tag{4.8}$$

式中　a、b、c——回归系数。基于图 4.22 中的相关数据,利用多元线性回归分析方法,可确定多元线性回归方程的回归系数,如下:

$$T_p = 0.274\sigma_3 + 0.535S_h - 2.966 \tag{4.9}$$

基于图 4.23 中相关数据,对多元线性回归方程(4.9)进行检验,得到 R^2 为 0.969,说明此多元线性回归方程与数据拟合度好,能较好地表达围压 σ_3、饱和度 S_h 与应力平台持续时间 T_p 之

间的耦合关系。分析认为,常规三轴路径下,煤样破坏过程围压保持不变,轴向应力逐渐增大,首先出现了煤样裂缝的压密,之后是线弹性阶段,然后煤样开始进入屈服阶段,最后进入强化阶段;而卸围压路径下,轴向应力保持不变,在卸围压作用下,断裂表面剪切强度下降,从而增大了剪切滑移发生的可能性,剪切滑移的驱动力会在原始裂缝的两端产生拉伸裂缝,因此稳定的裂缝发育转变为不稳定的裂缝发育,进而降低了煤样的黏聚力和承载能力。围压对煤样具有压密作用,围压越大,压密作用越明显,煤样内部微裂隙闭合程度和颗粒之间的作用越紧密,因此,围压越大,应力平台持续时间越长。已有针对含水合物沉积物的研究发现,水合物生成对其赋存介质的黏聚力有明显的提升作用,水合物饱和度越大,煤样内水合物量越大,水合物对煤样黏聚力的提升作用越强烈,故饱和度越高,应力平台持续时间越长。

4.3　　煤粉粒径对含瓦斯水合物煤体力学性质的影响

为了研究不同煤粉粒径对含瓦斯水合物煤体力学性质的影响,本节进行了含瓦斯水合物煤体的常规三轴试验和恒轴压卸围压试验,研究煤粉粒径对含瓦斯水合物煤体强度特性、变形特性和破坏形式的影响。

4.3.1　　含瓦斯水合物煤体常规三轴试验

1.试验步骤及方案

本试验使用煤样取自东保卫煤矿 41# 煤层,矿井 2012 年被鉴定为高瓦斯煤矿。共进行了三种水合物饱和度(7.72%、9.69%、12.36%),三种不同煤粉粒径试样(20 ～ 40 目、40 ～ 60 目、60 ～ 80 目)共九组三轴加载试验。研究水合物饱和度和煤粉粒径对试样强度及变形特性的影响。近年来,我国煤矿开采深度逐渐增加,赵善坤对双鸭山多个矿区地应力进行了实测,结合八棱柱煤矿实际工况,本节围压统一设定为 16 MPa。

三轴加载试验具体步骤如下:

(1)煤体中瓦斯水合物生成试验。

① 首先将制作好的型煤煤样按照要求安装在三轴压力室中,安装好各种辅助设备,检查气密性。

② 试验时先对煤样略加轴压,将煤样压住,然后分级由低至高施加围压和瓦斯压力至设定值,瓦斯气体注入完成。

③ 煤体瓦斯吸附开始,所有试验按照时间节点,统一吸附 16 h,避免吸附时间对试验结果的影响。

④ 吸附完成后,将反应釜内部温度降低至 0.5 ℃,开始瓦斯水合物生成试验,瓦斯水合物生成试验持续 24 h。

为保证不同组次试验之间吸附过程、水合物生成过程的一致性,同时也为了更好地进行对比分析,本试验中严格控制试验节点,每次试验中瓦斯吸附的开始和结束时间均为同一时刻,水合物生成的开始和结束时间也均为同一时刻,每次的持续时间也均相同。

(2)含瓦斯水合物煤体原位三轴试验。

含瓦斯水合物煤体三轴试验分为常规三轴试验和三轴卸围压试验两种类型,常规三轴试验为三轴卸围压试验提供卸荷起始点。

① 含瓦斯水合物煤体常规三轴试验：以 0.01 mm/s 的速率施加轴向应力，直至试样破坏或轴向应变达到 15%。对于偏应力－应变曲线，存在峰值点的，取峰值点对应的轴向应力为峰值应力；无峰值点的，取轴向应变达到 15% 对应的轴向应力作为峰值应力。受引伸计量程限制，轴向应变未达到 15% 的取最大轴向应变对应的轴向应力作为峰值应力。

② 含瓦斯水合物煤体三轴卸围压试验：基于常规三轴试验得到的峰值强度确定卸荷起始点轴向应力（约峰值应力的 70%），施加轴向力至卸荷起始值，当轴向应力达到卸荷起始点后，保持轴向应力不变，同时，以 0.01 MPa/s 的速率卸围压。当试样失稳破坏后，更改轴向应力控制方式为位移控制，速率为 0.01 mm/s，直至围压降低至目标值，试验结束，三轴加载试验试样基本特征见表 4.5。表中 D 为试样的直径，H 为试样的高度，M 为试样的质量，S_h 为试样的水合物饱和度。

表 4.5　三轴加载试验试样基本特征

编号	D/mm	H/mm	M/g	粒径 / 目	S_h/%（目标值）	S_h/%（实际值）
I－1	50.78	102.08	256.10	20 ～ 40	7.72	7.16
I－2	50.85	100.28	259.02	20 ～ 40	9.69	9.28
I－3	50.82	99.02	261.60	20 ～ 40	12.36	12.75
I－4	50.89	102.97	236.12	40 ～ 60	7.72	7.67
I－5	50.81	101.36	238.56	40 ～ 60	9.69	9.97
I－6	50.99	100.55	240.98	40 ～ 60	12.36	12.07
I－7	50.77	99.42	227.15	60 ～ 80	7.72	8.50
I－8	51.03	99.90	230.01	60 ～ 80	9.69	10.45
I－9	50.97	100.39	231.89	60 ～ 80	12.36	12.84

2.常规三轴试验含瓦斯水合物煤体应力－应变曲线分析

试验得到不同饱和度和煤粉粒径条件下含瓦斯水合物煤体常规三轴加载偏应力－应变关系曲线如图 4.24 所示，图中，ε_1、ε_3、ε_v 分别表示轴向应变、径向应变和体积应变。分析图 4.24 可知，所有的偏应力－轴向应变曲线呈应变硬化型，曲线大致可以分成三个阶段：弹性阶段、屈服阶段、强化阶段。弹性阶段在轴向应变 0% ～ 3% 之间，此阶段轴向偏应力随着轴向应变的增大几乎线性增大。屈服阶段在轴向应变 3% ～ 5% 之间，此阶段轴向偏应力随着轴向应变的增大逐渐增大，但增大速率逐渐减小。强化阶段在轴向应变 5% 之后，此阶段曲线斜率逐渐稳定，轴向偏应力随着轴向应变的增大缓慢增大，增加幅度明显小于前两个阶段。

从图 4.24 可以看出，所有的偏应力－轴向应变曲线都呈现出相似的趋势，试样偏应力－轴向应变曲线弹性阶段和屈服阶段很短，主要是强化阶段，占曲线长度的 50% 以上。同一水合物饱和度条件下，不同煤粉粒径试样的偏应力－轴向应变曲线几乎重合，这说明了粒径对偏应力－应变曲线影响不大。偏应力－径向应变曲线明显可以分成两个阶段，第一阶段径向应变几乎没有增长，一直在 0% 左右，此阶段试样径向几乎没有变形。第二阶段径向变形开始快速增大，所有径向变形都是近似线性增大。同一饱和度条件下，试样粒径越大，径向变形曲线斜率越大。20 ～ 40 目煤粉粒径的试样径向变形最大，水合物饱和度 9.69% 的试样径向变形达到了 4.66%。其余两个煤粉粒径试样的径向变形均在 2% 以内。从图中可以看出,粒径为 20 ~ 40 目,水合物饱和度为7.72％和9.69％的试样,其体积应变随轴向应变的增加呈现先上升后减低的规律,说明先压缩后膨胀;除了 20 ~ 40 目,水合物饱和度为7.72％和9.69％的试样,其他试样的体积应变随轴向应变的增大不断增大,这说明试样一直处于压缩状态,并没有出现扩容现象。

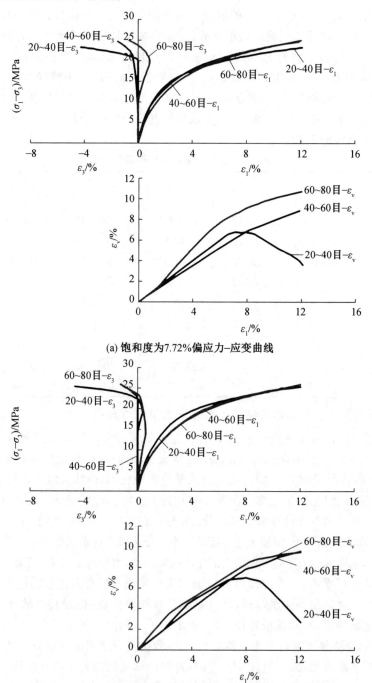

(a) 饱和度为7.72%偏应力–应变曲线

(b) 饱和度为9.69%偏应力–应变曲线

图 4.24　加载应力路径下含瓦斯水合物煤体偏应力 — 应变曲线

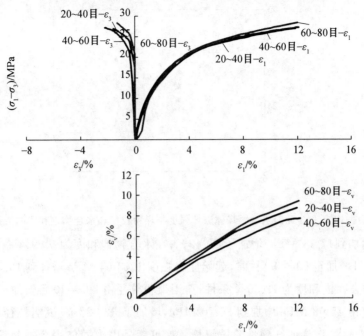

(c) 饱和度为12.36%偏应力−应变曲线

续图 4.24

3.粒径对含瓦斯水合物煤体强度参数影响

含瓦斯水合物煤体偏应力－应变曲线呈应变硬化型,加载过程中没有出现明显的峰值,因此这里将 $\varepsilon_1 = 12\%$ 所对应的偏应力作为破坏强度。加载应力路径下含瓦斯水合物煤体强度参数统计在表 4.6 中。其中 σ_f 为试样破坏强度,σ_y 为试样起始屈服强度。

表 4.6　加载应力路径下含瓦斯水合物煤体强度参数

编号	σ_f/MPa	σ_y/MPa	编号	σ_f/MPa	σ_y/MPa	编号	σ_f/MPa	σ_y/MPa
I−1	23.20	13.43	I−4	24.65	13.84	I−7	24.69	15.68
I−2	25.9	13.99	I−5	25.92	14.80	I−8	25.95	17.06
I−3	26.95	17.38	I−6	27.20	19.74	I−9	28.35	20.70

含瓦斯水合物煤体破坏强度和煤粉粒径以及水合物饱和度的关系如图 4.25 所示。分析图 4.25 可知,同一煤粉粒径试样,含瓦斯水合物煤体破坏强度随水合物饱和度的增大而增大,其特征表现为破坏强度随饱和度值并非线性增大,而是随饱和度增大而缓慢增大。同一水合物饱和度条件下,随着粒径目数的增大,试样破坏强度增大。可能的原因是固体水合物与粒径目数较大的煤粉产生的胶结作用更强,导致更高的破坏强度。

含瓦斯水合物煤体的起始屈服强度和煤粉粒径以及水合物饱和度的关系如图 4.26 所示。从图中可以看出,试样起始屈服强度的变化规律与破坏强度的规律大致相似。在水合物饱和度为7.72%条件下,当煤粉粒径由 $20 \sim 40$ 目增加至 $60 \sim 80$ 目时,起始屈服强度由

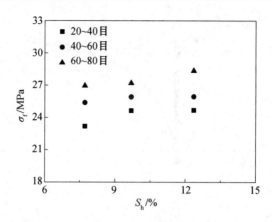

图 4.25　　含瓦斯水合物煤体破坏强度与煤粉粒径和水合物饱和度的关系

13.43 MPa 增加到17.38 MPa,增加了 29.42％;在水合物饱和度为 9.69％ 条件下,当煤粉粒径由 20～40 目增加至 60～80 目时,起始屈服强度由 13.84 MPa 增加到 19.74 MPa,增加了 42.63％;在水合物饱和度为 12.36％ 条件下,当煤粉粒径由 20～40 目增加至 60～80 目时,起始屈服强度由 15.68 MPa 增加到 20.70 MPa,增加了 32.02％。说明粒径目数越大,试样起始屈服强度越大,试样曲线弹性阶段越长。这可能是因为固体水合物与粒径目数较大的煤粉产生的胶结作用更强,试样更不容易发生塑性变形,导致试样具有更高的起始屈服强度。

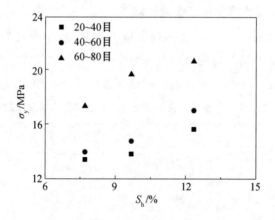

图 4.26　　含瓦斯水合物煤体起始屈服强度与水合物饱和度和煤粉粒径的关系

切线模量(E_{50})可以描述含瓦斯水合物煤体在加载过程中其变形模量的变化规律。含瓦斯水合物煤体切线模量－轴向应变曲线如图 4.27 所示,所有曲线变化规律基本一致,可以分成三个阶段:第一阶段,轴向应变在 0％～3％ 之间时,此时切线模量快速减小;第二阶段,轴向应变在 3％～9％ 之间时,切线模量降低幅度明显减小;第三阶段,轴向应变在 9％～12％ 之间时,切线模量不再随轴向应变增大发生变化,趋于稳定。最后所有切线模量的稳定值相差不大。所有试验的偏应力－应变曲线呈应变硬化型,所以切线模量的值始终为正值,最后的切线模量稳定值大于零。

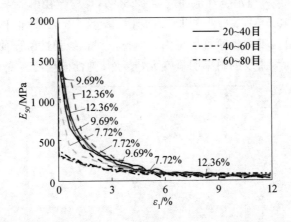

图 4.27　含瓦斯水合物煤体切线模量－轴向应变曲线

4.粒径对含瓦斯水合物煤体变形参数的影响

刚度是试样抵抗变形的能力,一般用弹性模量和泊松比来表示,在岩石力学研究中,弹性模量、泊松比等参数一般是通过单轴压缩试验得到的。而对于常规三轴压缩试验,可将计算公式中的 σ_1 替换为主应力差($\sigma_1-\sigma_3$)进行相关计算即可。表4.7给出了不同饱和度和不同煤粉粒径的弹性模量 E 和泊松比 μ 的计算结果。弹性模量为偏应力－应变曲线近似直线段(10%～50%峰值强度)斜率,泊松比为破坏强度40%时所对应的径向应变值与轴向应变值的比值。

表 4.7　三轴加载试验试样弹性模量及泊松比

编号	粒径／目	S_h/%	E/MPa	μ
I－1	20～40	7.72	721.0	0.29
I－2	20～40	9.69	769.3	0.58
I－3	20～40	12.36	745.5	0.27
I－4	40～60	7.72	650.3	4.18
I－5	40～60	9.69	572.8	0.08
I－6	40～60	12.36	689.5	11.34
I－7	60～80	7.72	525.8	1.11
I－8	60～80	9.69	536.9	27.5
I－9	60～80	12.36	944.1	0.51

图 4.28 所示为不同饱和度和煤粉粒径条件下含瓦斯水合物煤体的弹性模量。由图可知,除了饱和度为12.36%,粒径为60～80目的试样,相同水合物饱和度条件下,弹性模量随煤粉粒径目数的增大而减小。当水合物饱和度为7.72%,煤粉粒径由20～40目增加到60～80目时,弹性模量由721.0 MPa减小到525.8 MPa,减小了37.1%;当水合物饱和度为9.69%,煤粉粒径由20～40目增加到60～80目时,弹性模量由769.3 MPa减小到

536.9 MPa,减小了43.3%;当水合物饱和度为12.36%,煤粉粒径由20～40目增加到40～60目时,弹性模量由745.5 MPa减小到687.5 MPa,减小了8.4%。饱和度为12.36%,粒径为60～80目的试样出现不同规律可能是因为此条曲线在线弹性阶段前出现了明显的压密阶段,当去掉压密阶段时,曲线的斜率明显变大,导致其弹性模量明显变大。

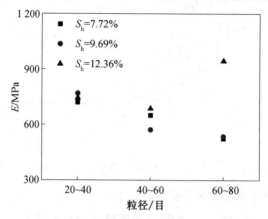

图 4.28　　不同饱和度和煤粉粒径条件下含瓦斯水合物煤体的弹性模量

图 4.29 所示为不同饱和度和煤粉粒径条件下含瓦斯水合物煤体的泊松比。从图中可以看出,含瓦斯水合物煤体的泊松比与煤粉粒径并没有明显的关系。以饱和度为7.72% 和9.69% 为例,当饱和度为7.72% 时,泊松比随粒径目数的增大呈现先增大后减小的规律;当饱和度为9.69% 时,泊松比随粒径目数的增大呈现先减小后增大的规律。

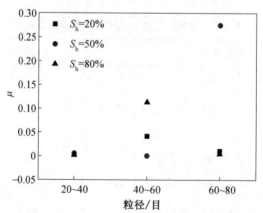

图 4.29　　不同饱和度和煤粉粒径条件下含瓦斯水合物煤体的泊松比

为进一步了解泊松比的变化,图 4.30 给出了加载试验条件下含瓦斯水合物煤体瞬时泊松比 － 轴向应变曲线。从图中可以看出,含瓦斯水合物煤体瞬时泊松比 － 轴向应变曲线可以划分为三个阶段:第一阶段,这一阶段在轴向应变 0% ～ 3% 之间,试样泊松比随着轴向应变的增大而快速减小。第二阶段,这一阶段在轴向应变 3% ～ 9% 之间,此时试样泊松比随轴向应变的增大而缓慢增大。第三阶段,此阶段在轴向应变 9% ～ 12% 之间,试样泊松比逐渐趋于稳定,不再随着轴向应变变化。由图 4.30 可知,第三阶段所有试样泊松比值低于泊松比初始值。

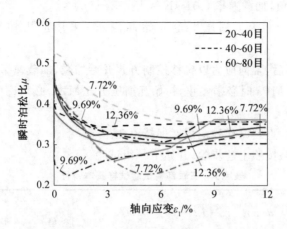

图 4.30　加载应力路径下含瓦斯水合物煤体瞬时泊松比－轴向应变曲线

5.含瓦斯水合物煤体破坏形式

加载应力路径下含瓦斯水合物煤体破坏形式如图 4.31 所示。由图 4.31 可知,20 ～ 40 目煤粉粒径制备的试样煤体有煤块裂开,整体没有破坏;40 ～ 60 目煤粉粒径制备的试样煤体有煤块裂开,整体有轻微破坏;60 ～ 80 目煤粉粒径制备的试样煤体中间位置有横向裂纹,整体破坏严重,Ⅰ－8 试样没法去除热缩管拍照。由此可知,煤粉粒径越小,试样破坏越严重,破坏形态与水合物饱和度的关系暂时难以确定。

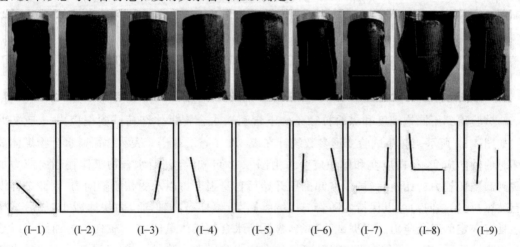

(Ⅰ-1)　　(Ⅰ-2)　　(Ⅰ-3)　　(Ⅰ-4)　　(Ⅰ-5)　　(Ⅰ-6)　　(Ⅰ-7)　　(Ⅰ-8)　　(Ⅰ-9)

图 4.31　加载应力路径下含瓦斯水合物煤体破坏形式

4.3.2　含瓦斯水合物煤体恒轴压卸围压试验

1.试验步骤及方案

含瓦斯水合物煤体的恒轴压卸围压试验是在常规三轴试验的基础上进行的,卸围压试验的具体方案见表 4.8 以及其具体步骤如下:

（1）首先对编号的型煤进行瓦斯水合物生成试验,制备不同水合物饱和度的试样。

（2）根据三轴加载试验确定的卸围压开始的轴向应力值,开始使用负荷控制方式施加轴压,加载轴压到设定值,加载速率 0.01 kN/s。

（3）轴压到达设定值后,轴压恒定开始卸围压,采用应力控制方式,卸围压速率0.01 MPa/s。

（4）试样失稳破坏后,轴向应力以位移控制方式开始加载,加载速率 0.01 mm/s。

（5）围压卸载到 6 MPa 时必须停止,初始瓦斯压力 6 MPa,必须确保围压大于气压,否则会导致试验失败。

（6）轴压继续加载,直到试样残余强度保持不变。

（7）更换型煤试样,按照上述步骤,开始下一组试验。

表 4.8　三轴卸荷试验试样基本特征

编号	应力路径	d/mm	h/mm	m/g	S_h/%（目标值）	S_h/%（实际值）	卸荷点σ/MPa
II－1		50.78	102.08	256.08	7.72	7.79	16.24
II－2		50.85	100.28	259.13	9.69	9.03	17.77
II－3		50.82	99.02	261.59	12.36	12.03	18.87
II－4		50.89	102.97	236.25	7.72	7.25	17.26
II－5	恒轴压卸围压	50.81	101.36	238.78	9.69	9.26	18.14
II－6		50.99	100.55	240.90	12.36	11.66	19.04
II－7		50.77	99.42	227.45	7.72	7.97	17.28
II－8		51.03	99.90	230.39	9.69	10.13	18.17
II－9		50.97	100.39	231.97	12.36	11.66	19.85

2.恒轴压卸围压试验含瓦斯水合物煤体应力－应变曲线分析

试验得到不同饱和度和煤粉粒径条件下含瓦斯水合物煤体卸荷试验偏应力－应变曲线如图 4.32 所示。卸荷试验变形参数统计在表 4.9 中,ε_{1f}、ε_{3f}、ε_{vf} 表示含瓦斯水合物煤体破坏时的轴向应变、径向应变和体积应变。由图 4.32 可知,含瓦斯水合物煤体在轴向应力加载到卸围压轴力初始值后,试样在卸围压开始后自身强度可以承受初始轴向力,因此试样没有破坏,初始轴向力可以保持。随着围压继续卸载,试样破坏轴向应力快速减小,最后试样还具有一定的残余应力。根据试验现象,含瓦斯水合物煤体偏应力－轴向应力曲线可以划分成弹性阶段、应力平台阶段、破坏阶段、残余应力阶段四个阶段。弹性阶段,试样偏应力随着轴向应变的增大几乎线性增大。应力平台阶段,开始卸围压后,试样自身强度和围压共同作用下还可以继续承受初始轴向力,因此具有应力平台阶段。破坏阶段,随着围压的继续卸载,试样没法承受轴压,开始破坏,轴向力开始降低。残余应力阶段,当围压降低至预定值后,破坏后的含瓦斯水合物煤体还有一定的承载能力,轴向力趋于定值,不再随着轴向应变改变。含瓦斯水合物煤体的偏应力－径向变形曲线变化趋势和轴向应变基本相同。由表 4.9 可知,同一水合物饱和度条件下,粒径目数越大,破坏时轴向应变越大。其主要原因是卸荷初始围压相同,粒径目数越大,试样轴向承载能力越大,卸围压时轴向破坏应变越大。

由图 4.32 可知,随着轴向应变的增大,体积应变呈现先增大后减小的规律。这说明不同水合物饱和度和不同煤粉粒径的试样均出现了先压缩后膨胀的现象。H. Alkan 把由压缩变为膨胀状态的转折点称为扩容点。从图中可以看出,除个例外,扩容点出现在应力平台阶段,说明在应力平台阶段,试样由压缩过程变为膨胀过程。

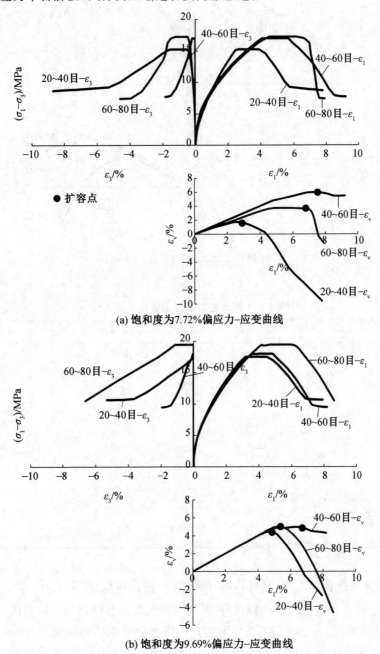

(a) 饱和度为7.72%偏应力-应变曲线

(b) 饱和度为9.69%偏应力-应变曲线

图 4.32　卸荷应力路径下含瓦斯水合物煤体偏应力－应变曲线

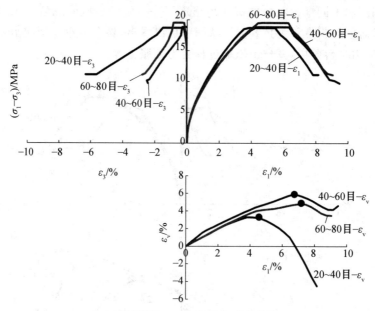

(c) 饱和度为12.36%偏应力–应变曲线

续图 4.32

表 4.9　　卸荷应力路径下试样应变参数

编号	$\varepsilon_{1f}/\%$	$\varepsilon_{3f}/\%$	$\varepsilon_{vf}/\%$
II－1	3.90	－1.57	0.76
II－2	4.49	－0.05	4.40
II－3	5.46	－1.51	2.44
II－4	5.66	－0.20	5.27
II－5	4.86	－0.04	4.78
II－6	6.33	－0.32	5.69
II－7	6.17	－1.24	3.68
II－8	6.22	－1.13	3.96
II－9	6.29	－0.87	4.55

3.恒轴压卸围压含瓦斯水合物煤体轴向应力 — 时间曲线分析

图 4.33 给出了不同饱和度、煤粉粒径条件下含瓦斯水合物煤轴向应力随时间的变化曲线。从图中可以看出,各个饱和度条件下的含瓦斯水合物煤体轴向应力随时间的变化曲线大致相同。卸围压前,轴向应力逐渐增大并达到一个应力不变阶段,在这个阶段轴向应力基本保持不变。卸围压开始之后,轴向应力在卸围压初期仍处于应力平台阶段,当围压卸荷接近完成时,煤样的轴向应力将会其达到极值,然后出现宏观裂纹,直至煤样破坏。

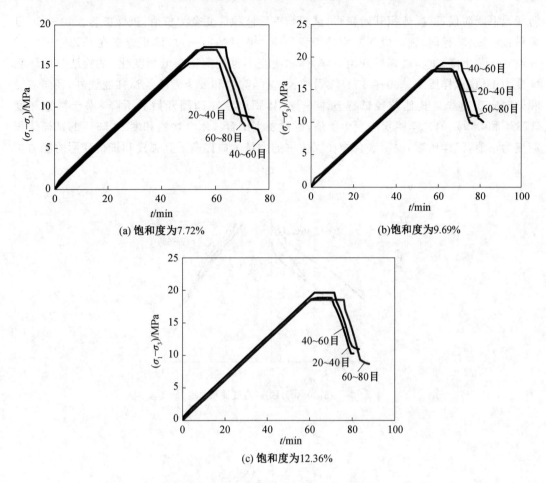

图 4.33　卸荷应力路径下含瓦斯水合物煤体轴向应力－时间曲线

从图中可以看出,除了饱和度为 12.36％,粒径为 20～40 目的煤样,粒径目数越大,应力平台持续时间越短。当饱和度为 7.72％ 时,应力平台持续时间分别为 10.83 min(20～40 目)、8.62 min(40～60 目)、7.99 min(60～80 目);当饱和度为 9.69％ 时,应力平台持续时间分别为 11.21 min(20～40 目)、9.39 min(40～60 目)、8.76 min(60～80 目);当饱和度为 12.36％ 时,应力平台持续时间分别为 9.57 min(20～40 目)、15.19 min(40～60 目)、9.21 min(60～80 目);这说明煤粉粒径目数越大,煤体发生破坏失稳前的时间越短。因此,在今后含瓦斯水合物煤层的开采中,对于颗粒较小的煤层进行开挖时应及时进行支护控制围岩的初期变形。

4.不同粒径下围压与应变关系

卸荷应力路径下含瓦斯水合物煤体围压－应变的关系曲线如图4.34所示。结合图4.32和图 4.34 可知,20～40 目煤粉粒径试样,卸荷初期阶段,径向应变增长缓慢,对应于偏应力－应变曲线应力平台阶段,试样未破坏,可以承载轴向力,试样变形较小,径向应变随围压降低线性变化。随着围压继续卸载,试样不能承载轴向力,试样开始破坏,径向应变开始增大,不再随围压降低线性增大。试样轴向变形随围压降低呈线性降低。体积应变在卸围压开始前试样受压体积变小,处于压缩状态。开始卸围压后,试样体积应变曲线由上升阶段转变成下降阶段,试样体积开始膨胀,试验结束后体积应变全为负值,试样扩容。40～60目煤粉粒径试样,径向、轴向应变曲线趋势和20～40目基本一致,体积应变在开始卸围压时并没有立刻下降,试样破坏后开始下降,体积应变不再随围压降低而变化,试验结束后体积应变为正值,试样压缩。60～80目煤粉粒径试样,除饱和度为7.72%试样曲线外,径向应变和轴向应变曲线与其他粒径试样基本一致,体积应变在卸围开始后下降,水合物饱和度7.79%和9.69%的试样体积应变为负值,试样发生扩容。水合物饱和度12.36%的试样体积应变为正值,试样压缩,说明水合物在煤体中的大量生成提高了其强度和抵抗变形的能力。

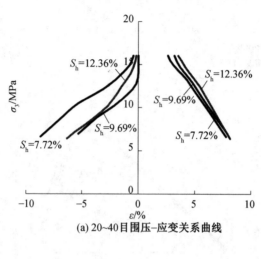

(a) 20~40目围压–应变关系曲线

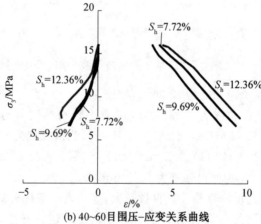

(b) 40~60目围压–应变关系曲线

图 4.34　卸荷试验围压－应变关系曲线

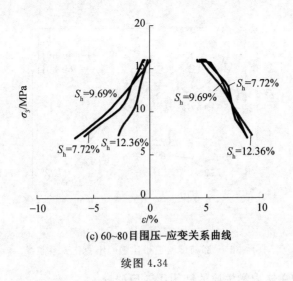

(c) 60~80目围压–应变关系曲线

续图 4.34

5.粒径对含瓦斯水合物煤体变形参数的影响

卸荷试验过程中,围压是逐渐降低的,计算变形模量必须考虑围压的实时动态变化和径向应变,因此采用广义胡克定律计算变形模量和泊松比。卸荷应力路径下含瓦斯水合物煤体的变形模量随围压变化的关系曲线如图 4.35 所示。由图 4.35 可知,变形模量随着围压卸载变化可以划分为两个阶段,第一阶段围压开始卸载,前期变形模量降低缓慢;第二阶段卸围压致试样破坏后,变形模量快速减小,抵抗变形的能力丧失。

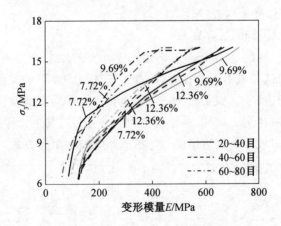

图 4.35　卸荷应力路径下变形模量随围压变化关系曲线

泊松比随围压变化的关系曲线如图 4.36 所示。由图 4.36 可知,泊松比随围压降低而增大。泊松比随围压的变化可以划分为两个阶段,第一阶段围压开始卸载,试样未破坏时泊松比缓慢增加;第二阶段试样破坏后继续卸载围压,泊松比快速增大,原因在于试样破坏后径向变形大。

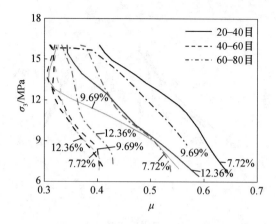

图 4.36　卸荷试验泊松比随围压变化关系曲线

6.含瓦斯水合物煤体力学性质的卸围压效应研究

　　研究含瓦斯水合物煤体卸围压情况下的力学性质演化规律,其目的是建立卸围压程度与其各力学参数的数学关系模型,进而应用于生产现场来判别含瓦斯水合物煤体结构的稳定性。根据试验结果,分别对其进行数学拟合处理,可以得到煤样偏应力变化、径向应变变化与围压卸除量的数学关系,即固定轴向应变时,含瓦斯水合物煤体偏应力变化与围压卸除量可用二次函数表述:

$$(\sigma_1 - \sigma_3) = a(\delta\sigma_3)^2 + b(\Delta\sigma_3) + c \qquad (4.10)$$

式中　$(\sigma_1 - \sigma_3)$—— 煤样偏应力,MPa;

　　　　$\Delta\sigma_3$—— 煤样围压卸除量,MPa;

　　　　a、b、c—— 拟合参数,与含瓦斯煤样初始应力状态、瓦斯压力有关。

　　为验证拟合公式与试验值的拟合程度,作者将三种饱和度下的实测值与拟合曲线绘于图中进行对比,如图 4.37 所示。表 4.10 为三种饱和度下的拟合公式及拟合度 R^2。从图 4.37及表 4.10 可知,除了饱和度为 7.72%,煤粉粒径为 20～40 目,其他试样的拟合系数均在 0.95以上,说明式(4.10)可以较好地表达偏应力与围压卸除量之间的关系。

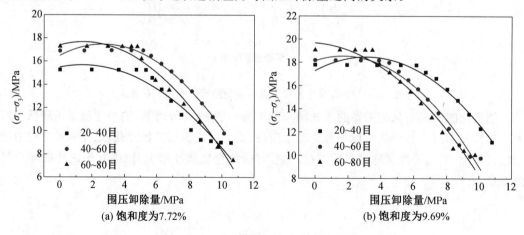

图 4.37　试验值与拟合曲线对比分析

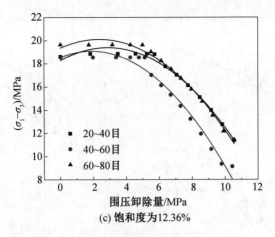

(c) 饱和度为12.36%

续图 4.37

表 4.10　不同饱和度下的拟合数据

饱和度 /%	粒径 / 目	拟合公式	拟合度 R^2
	$20 \sim 40$	$(\sigma_1 - \sigma_3) = -0.096(\Delta\sigma_3)^2 + 0.271(\Delta\sigma_3) + 15.492$	0.900
7.72	$40 \sim 60$	$(\sigma_1 - \sigma_3) = -0.135(\Delta\sigma_3)^2 + 0.722(\Delta\sigma_3) + 16.497$	0.987
	$60 \sim 80$	$(\sigma_1 - \sigma_3) = -0.128(\Delta\sigma_3)^2 + 0.374(\Delta\sigma_3) + 17.412$	0.972
	$20 \sim 40$	$(\sigma_1 - \sigma_3) = -0.121(\Delta\sigma_3)^2 + 0.754(\Delta\sigma_3) + 17.268$	0.971
9.69	$40 \sim 60$	$(\sigma_1 - \sigma_3) = -0.137(\Delta\sigma_3)^2 + 0.464(\Delta\sigma_3) + 18.122$	0.978
	$60 \sim 80$	$(\sigma_1 - \sigma_3) = -0.103(\Delta\sigma_3)^2 + 0.103(\Delta\sigma_3) + 19.644$	0.965
	$20 \sim 40$	$(\sigma_1 - \sigma_3) = -0.135(\Delta\sigma_3)^2 + 0.775(\Delta\sigma_3) + 18.291$	0.987
12.36	$40 \sim 60$	$(\sigma_1 - \sigma_3) = -0.151(\Delta\sigma_3)^2 + 0.565(\Delta\sigma_3) + 18.563$	0.973
	$60 \sim 80$	$(\sigma_1 - \sigma_3) = -0.134(\Delta\sigma_3)^2 + 0.693(\Delta\sigma_3) + 19.376$	0.990

固定轴向应变时,含瓦斯水合物煤体径向应变变化与围压可用修正的对数函数表述,即

$$\Delta\varepsilon_3 = a\ln(\sigma_3 + b) + c \tag{4.11}$$

式中　$\Delta\varepsilon_3$——含瓦斯水合物煤样径向应变;

　　　σ_3——围压,MPa;

　　　a、b、c——拟合参数,与含瓦斯水合物煤样初始应力状态、瓦斯压力有关。

为验证公式的合理性,作者将试验值与拟合结果绘于图中进行对比,如图 4.38 所示。表 4.11 为三种饱和度下的拟合公式及拟合度 R^2。从图 4.38 及表 4.11 可知,除了饱和度为 9.69%,煤粉粒径为 $20 \sim 40$ 目,其他试样的拟合系数均在 0.95 以上,说明式(4.11)可以较好地表达含瓦斯水合物煤体径向应变与围压之间的关系。

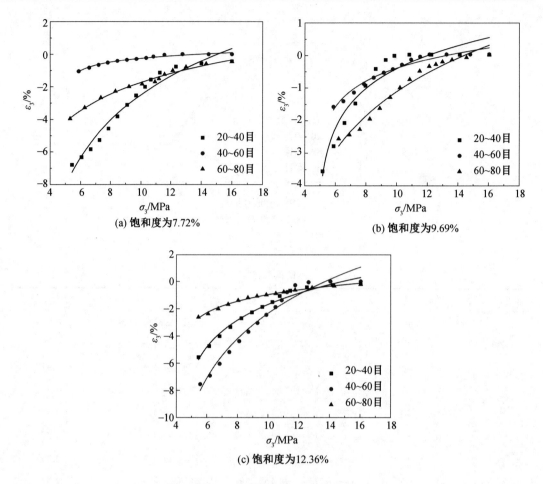

(a) 饱和度为7.72%

(b) 饱和度为9.69%

(c) 饱和度为12.36%

图 4.38　　试验值与拟合曲线对比分析

表 4.11　　不同饱和度下的拟合数据

饱和度 / %	粒径 / 目	拟合公式	拟合度 R^2
	$20 \sim 40$	$\Delta \varepsilon_3 = 4.682\ln(\sigma_3 - 2.842) - 11.720$	0.956
7.72	$40 \sim 60$	$\Delta \varepsilon_3 = 0.440\ln(\sigma_3 - 5.114) - 0.954$	0.976
	$60 \sim 80$	$\Delta \varepsilon_3 = 2.478\ln(\sigma_3 - 1.989) - 6.899$	0.986
	$20 \sim 40$	$\Delta \varepsilon_3 = 1.237\ln(\sigma_3 - 4.819) - 2.468$	0.907
9.69	$40 \sim 60$	$\Delta \varepsilon_3 = 0.815\ln(\sigma_3 - 4.788) - 1.764$	0.956
	$60 \sim 80$	$\Delta \varepsilon_3 = 2.442\ln(\sigma_3 - 2.369) - 6.094$	0.964
	$20 \sim 40$	$\Delta \varepsilon_3 = 2.821\ln(\sigma_3 - 4.029) - 6.708$	0.978
12.36	$40 \sim 60$	$\Delta \varepsilon_3 = 5.321\ln(\sigma_3 - 5.232) - 12.482$	0.959
	$60 \sim 80$	$\Delta \varepsilon_3 = 1.198\ln(\sigma_3 - 4.035) - 3.094$	0.992

7.含瓦斯水合物煤体破坏形式

卸荷应力路径下含瓦斯水合物煤体破坏形式如图 4.39 所示。卸荷应力路径下,试样破坏严重,拆卸试样过程中,试样严重破碎不成型,因此部分试样在拆卸热缩管之前拍照进行分析。分析图 4.39 可知,卸荷试验条件下试样破坏形式基本一致,试样中上部出现鼓胀,没有明显的破坏面。

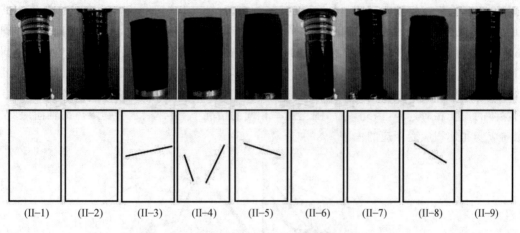

(II-1)　(II-2)　(II-3)　(II-4)　(II-5)　(II-6)　(II-7)　(II-8)　(II-9)

图 4.39　卸荷试验含瓦斯水合物煤体破坏形式

4.4　卸围压速率对含瓦斯水合物煤体力学性质的影响

为研究不同卸围压速率对含瓦斯水合物煤体力学特性的影响,选取 $60 \sim 80$ 目煤粉粒径的型煤,初始含水量 6.96 g,制备了六组平均水合物饱和度为 8.32% 的含瓦斯水合物煤体。卸围压速率分别为 0.005 MPa/s、0.010 MPa/s、0.015 MPa/s、0.020 MPa/s、0.025 MPa/s、0.030 MPa/s。三轴卸荷试验试样基本特征见表 4.12。

表 4.12　三轴卸荷试验试样基本特征

编号	应力路径	d/mm	h/mm	m/g	S_h/%	卸围压速率 v/(MPa·s^{-1})	卸荷点 σ/MPa
III-1		50.84	100.68	228.10	8.45	0.005	17.28
III-2		50.85	101.23	227.45	7.97	0.010	17.28
III-3	恒轴压	50.77	99.42	227.36	8.08	0.015	17.28
III-4	卸围压	50.79	101.51	228.02	8.32	0.020	17.28
III-5		50.56	100.59	228.56	8.44	0.025	17.28
III-6		50.49	100.45	228.49	8.66	0.030	17.28

不同卸围压速率条件下含瓦斯水合物煤体偏应力－应变关系曲线如图 4.40 所示。由图 4.40 可知,不同卸围压速率条件下,试样的偏应力－应变关系曲线可以划分成弹性阶段、应力平台阶段、破坏阶段、残余应力阶段四个阶段。弹性阶段,试样曲线基本一致,六条曲线重叠在一起。应力平台阶段,卸围压速率越大,应力平台阶段越短。破坏阶段,全表现为试样破坏后,应力跌落。残余应力阶段,试样残余应力随卸围压速率增大总体上表现出增大的趋势。不同卸围压速率下,径向应变和轴向应变的变化趋势相似。通过轴向应变－体积应

变曲线可以看出,六组试样表现出前期压缩后期扩容的特性。除个例外,卸围压速率越大,试样从压缩状态转变为扩容状态的速度越快。

从图 4.40 可以看出,不同卸围压速率下含瓦斯水合物煤体的轴向应变、径向应变和体积应变的变化规律具有较好的一致性。在瓦斯压力和围压相同的情况下,卸围压速率越大,含瓦斯水合物煤体的轴向应变、径向应变和体积应变越小。这说明含瓦斯水合物煤体中的原有微裂隙、空洞、张开的结构面和应力的重新分布及调整需要有充分的时间来完成,卸围压速率越慢使得水合物煤体内部破碎更加充分,产生的裂隙更多,对应的水合物煤体的体积扩容越大,相应的水合物煤体中的损伤程度也越大,因此对应的水合物煤体的轴向应变、侧向应变和体积应变也越大。反之,卸围压速率越大,使得水合物煤体内破碎不够充分,水合物煤体的损伤相对较小,因此,在卸围压速率相同的情况下,含瓦斯水合物煤体的轴向应变、侧向应变和体积应变相应的偏小。

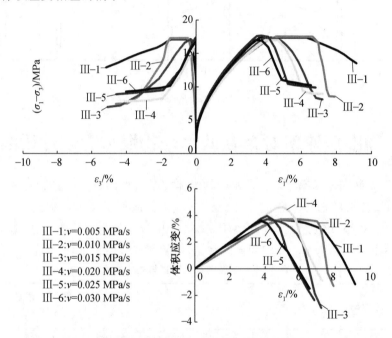

图 4.40　不同卸围压速率条件下含瓦斯水合物煤体偏应力－应变关系曲线

图 4.41 所示为不同卸围压速率下含瓦斯水合物煤体轴向应力－时间曲线,从图中可以看出,六种卸围压速率条件下的含瓦斯水合物煤体轴向应力随时间的变化曲线大致相同。在卸围压前,轴向应力逐渐增大并达到一个应力不变阶段,在这个阶段轴向应力基本保持不变。卸围压开始之后,轴向应力在卸围压初期仍处于应力平台阶段,当围压卸荷接近完成时,煤样的轴向应力会达到其强度极限,然后出现宏观裂纹,直至煤样破坏。

从图 4.42 中可以看出,卸围压速率越大,应力平台持续时间越短。图中应力平台持续时间分别为 18.57 min (0.005 MPa/s)、7.99 min (0.01 MPa/s)、7.61 min (0.015 MPa/s)、6.98 min(0.015 MPa/s)、4.96 min (0.015 MPa/s)、4.13 min (0.015 MPa/s)。卸围压速率从 0.05 MPa/s 增加到 0.03 MPa/s,应力平台持续时间分别缩短了 10.58 min (0.005 MPa/s→0.01 MPa/s)、0.38 min (0.01 MPa/s → 0.015 MPa/s)、0.63 min (0.015 MPa/s → 0.02 MPa/s)、2.02 min (0.02 MPa/s → 0.025 MPa/s)、0.86 min

（0.025 MPa/s →0.03 MPa/s）。卸围压速率的增加，应力平台阶段的时间缩短，说明煤体发生破坏失稳的时间减少，煤体更容易破坏。

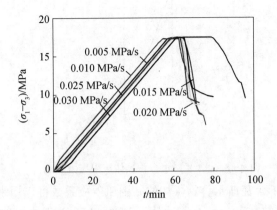

图 4.41　不同卸围压速率条件下含瓦斯水合物煤体轴向应力－时间曲线

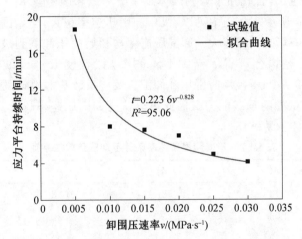

图 4.42　卸围压速率－应力平台持续时间关系曲线

　　通过分析发现，卸围压速率越大，应力平台持续时间越短。因此，为了明确卸围压速率与应力平台持续时间的具体关系，对两者进行了拟合，得到卸围压速率与应力平台持续时间具有幂函数关系，$t = 0.223\ 6v^{-0.828}$，拟合度 $R^2 = 95.06$。

　　不同卸围压速率下含瓦斯水合物煤体的失稳破坏可以用解析的方法进行说明。图 4.43 所示为卸围压条件下含瓦斯水合物极限应力状态示意图。

　　卸围压条件下含瓦斯水合物煤体的破坏形式为剪切破坏，假设含瓦斯水合物煤体的破坏面与应力 σ_1 的夹角为 θ，破坏面的摩擦因数为 ξ，则含瓦斯煤岩破坏的极限应力平衡方程为

$$\sigma_1 \cos\theta - \sigma_3 \sin\theta = \xi(\sigma_1 \sin\theta + \sigma_3 \cos\theta) \tag{4.12}$$

　　由于本节选择的是恒定轴压卸载围压的形式进行水合物煤体试验研究，卸围压速率越大，σ_3 减小的幅度越大，导致 $\sigma_1 \cos\theta - \sigma_3 \sin\theta$ 增大的幅度越大，$\xi(\sigma_1 \sin\theta + \sigma_3 \cos\theta)$ 减小的幅度也越大，从而加速了含瓦斯煤岩向极限应力平衡的过渡和发展，因此，卸围压速率的增大加快了煤岩失稳破坏的进程。

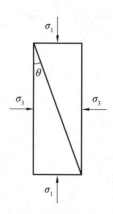

图 4.43　　含瓦斯水合物煤体极限应力状态

　　不同卸围速率条件下含瓦斯水合物煤体的卸围压效应系数可以用来判断其破坏的难易程度,卸围压效应系数归纳在表 4.13 中。由表 4.13 可知,含瓦斯水合物煤体卸围压速率越大,效围压效应系数越小,含瓦斯水合物煤体越易破坏。卸围压速率－卸载到破坏所需时间关系曲线如图 4.44 所示。从图中可以看出,卸围压速率越大,初始围压卸载到破坏时围压所需的时间越短,破坏时围压越大。卸围压速率与初始围压卸载到破坏时围压所需的时间具有幂指数关系,经拟合可得 $t = 4.34 \times v^{-1.04}$,拟合度 $R^2 = 0.999\ 7$。卸围压速率0.010 MPa/s 和0.015 MPa/s破坏时围压和卸围压效应系数基本相同,是因为 Ⅲ－3 试样的饱和度略高,提高了试样的承载能力。因此可以认为卸围压速率越大,卸围压效应系数越小,含瓦斯水合物煤体越易破坏。

表 4.13　　不同卸围压速率条件下卸围压效应系数

编号	σ_{3f}/MPa	$\Delta\sigma_3$/MPa	f	t/s
Ⅲ－1	10.72	5.28	0.33	1056
Ⅲ－2	10.75	5.25	0.32	523
Ⅲ－3	10.83	5.17	0.32	345
Ⅲ－4	11.02	4.98	0.31	249
Ⅲ－5	11.09	4.91	0.30	192
Ⅲ－6	11.42	4.58	0.29	159

　　不同卸围压速率条件下含瓦斯水合物煤体变形模量和围压的关系曲线如图 4.45 所示。由图 4.45 可知,变形模量随围压降低持续减小。将曲线划分为两个阶段,第一阶段围压卸载试样还未破坏时,变形模量随围压降低缓慢减小;第二阶段试样破坏后围压继续卸载,变形模量快速减小。

　　不同卸围压速率条件下含瓦斯水合物煤体泊松比和围压的关系曲线如图 4.46 所示。由图 4.46 可知,泊松比随围压降低而逐渐增大。泊松比随围压的变化可以划分为两个阶段,第一阶段围压开始卸载试样未破坏时,泊松比缓慢增加;第二阶段试样破坏后围压继续卸载,泊松比随围压降低快速增大。

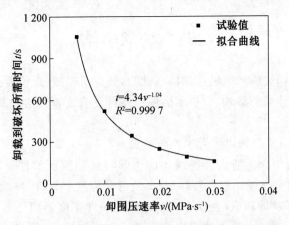

图 4.44　卸围压速率－卸载到破坏所需时间关系曲线

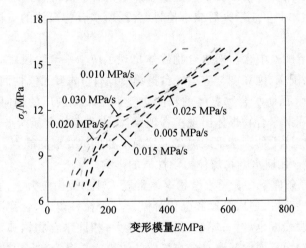

图 4.45　不同卸围压速率条件下变形模量随围压变化关系曲线

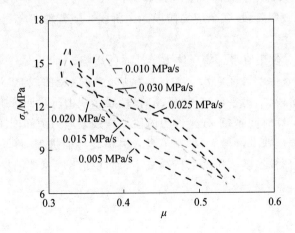

图 4.46　不同卸围压速率条件下泊松比随围压变化关系曲线

4.5　本章小结

本章通过常规三轴试验和恒轴压卸围压试验,研究了围压、煤粉粒径和卸围压速率对含瓦斯水合物煤体力学性质的影响,分析了卸围压条件下含瓦斯水合物煤体的力学特性。主要结论如下:

(1)围压对含瓦斯水合物煤体力学性质的影响。

① 常规三轴试验中含瓦斯水合物煤体的力学特征随围压的变化规律相同,煤样偏应力－轴向应变曲线均呈强硬化塑性破坏型,大致可分为三个阶段:弹性阶段、屈服阶段和强化阶段,没有明显的压密阶段;含瓦斯水合物煤体的破坏强度随围压的增大,基本呈线性增大,这说明围压对含瓦斯水合物煤体强度有明显的强化作用,而随着围压的增大,强化作用仍然明显;含瓦斯水合物煤体的弹性模量随围压的增大而增大;含瓦斯水合物煤体的起始屈服强度随围压增大总体上呈先增大后减小趋势,含瓦斯水合物煤体的泊松比随围压变化规律不明显。

② 恒轴压卸围压试验中含瓦斯水合物煤体出现了应力平台阶段,围压越高,应力平台持续时间越长。建立围压、饱和度与应力平台持续时间 T_p 的多元线性回归方程;在卸围压过程中,较高围压的含瓦斯水合物煤体的轴向应变大于较低围压的轴向应变;卸围压结束后,较低饱和度的含瓦斯水合物煤体出现扩容现象,高饱和度的含瓦斯水合物煤体仍为压缩状态,说明水合物在煤体中的大量生成提高了其强度和抵抗变形的能力。

(2)煤粉粒径对含瓦斯水合物煤体力学性质的影响。

① 不同煤粉粒径条件下含瓦斯水合物煤体常规三轴加载偏应力－应变曲线大体相同,可分为三个阶段:弹性阶段、屈服阶段和强化阶段。煤粉粒径越大,含瓦斯水合物煤体的破坏强度越大,起始屈服强度也越大;煤粉粒径目数越大,相同水合物饱和度条件下含瓦斯水合物煤体的弹性模量越小,而含瓦斯水合物煤体的泊松比与煤粉粒径并没有明显的关系。

② 不同煤粉粒径条件下含瓦斯水合物煤体卸荷试验偏应力－应变曲线可划分为弹性阶段、应力平台阶段、破坏阶段、残余应力阶段四个阶段。随着轴向应变的增大,体积应变呈现先增大后减小的规律。

(3)卸围压速率对含瓦斯水合物煤体力学性质的影响。

不同卸围压速率条件下含瓦斯水合物煤体偏应力－应变曲线总体上呈现出相同的趋势,可以划分为弹性阶段、应力平台阶段、破坏阶段、残余应力阶段四个阶段。卸围压速率越大,对应的应力平台持续时间越短,残余应力阶段试样残余应力随卸围压速率增大总体上表现出增大的趋势;卸围压速率的增大,加快了煤岩失稳破坏的进程;不同卸围压速率条件下含瓦斯水合物煤体变形模量随围压降低持续减小,而此变化规律与泊松比随围压的变化正好相反。

第 5 章　水合物生成对含瓦斯煤体力学性质的影响

5.1　引　言

关于煤与瓦斯突出机理的假说中,国内外学者普遍认为煤与瓦斯突出是由地应力、瓦斯压力和煤的物理力学性质共同作用的结果,其中,煤的物理力学性质是制约突出发生的重要因素。2003 年,吴强课题组于国内外最先提出利用瓦斯水合固化技术来防治煤与瓦斯突出。其主要学术思想如下:如图 5.1 所示,向煤层中注入含有利于水合物生成的溶液,使煤层中的瓦斯与水反应生成水合物,瓦斯由气态转变为固态的瓦斯水合物,而由于水合物分解需吸收大量热量才能进行,而煤岩与空气热容小,导热性差,破煤时由于热量供给不足,瓦斯水合物在瞬间难以融化分解而形成高压瓦斯流,从而达到延缓破煤时瓦斯的集中涌出、防治煤与瓦斯突出的目的。该方法不仅能够有效降低煤体中瓦斯压力、含量,也能对煤体力学性质起到强化作用。为了研究水合物生成对含瓦斯煤体力学性质的影响,作者从低围压和高围压两个方面来进行研究。

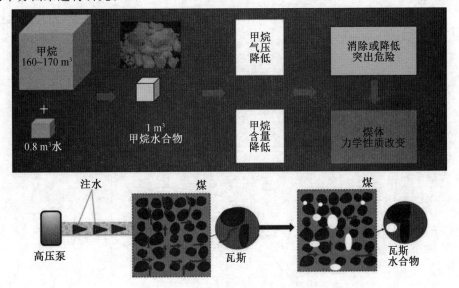

图 5.1　瓦斯水合固化技术主要学术思想示意图

5.2 低围压条件下水合物生成对含瓦斯煤体力学性质的影响

为了确定水合物生成对煤体力学性质的影响,本节利用在双鸭山七星矿采到的煤制成的型煤煤样进行试验研究。通过对比含瓦斯煤体和含瓦斯水合物煤体的强度特征值和应力－应变曲线,探究煤体中瓦斯水合物的生成对煤体强度、变形模量等的影响,其中含瓦斯煤体三轴压缩试验的试验过程与含瓦斯水合物煤体的试验相同,只是含瓦斯煤体的试验中不采取降温措施(即煤体中不能生成水合物)。本节选取三个饱和度(25％、50％ 和80％),在三种围压下(1.0 MPa、2.0 MPa 和 3.0 MPa) 开展对比试验。

5.2.1 含瓦斯水合物煤体及含瓦斯煤体偏应力－应变曲线分析

图 5.2 所示为含瓦斯煤体常规三轴试验偏应力－应变曲线。从图中可以看出,相同含水量的含瓦斯煤体应力－应变曲线随着围压的增大,曲线上移,即相同应变对应的应力值增大,且应力－应变曲线呈现出应变硬化型,从应变曲线中可知煤体的破坏呈塑性破坏,从试验获得的照片中印证了这一观点。

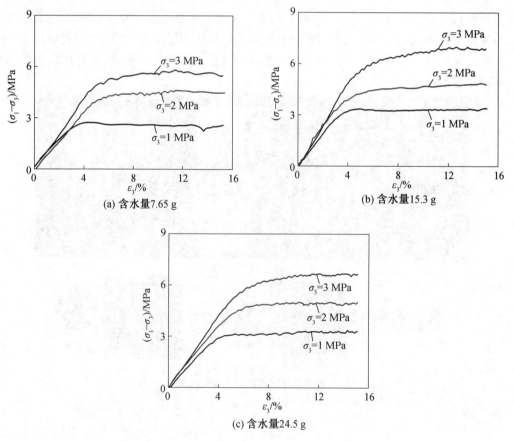

图 5.2　含瓦斯煤体常规三轴试验偏应力－应变曲线

图 5.3 所示为不同瓦斯水合物饱和度煤体在不同围压条件下煤体三轴压缩偏应力－应变曲线。从图中可以看出,在围压 1.0 MPa 和 2.0 MPa 时,含瓦斯水合物煤体的偏应力－应变曲线表现出软化趋势;而围压在 3.0 MPa 时,含瓦斯水合物煤体偏应力－应变曲线呈现一定的应变硬化特性。可以看出,随着围压增加,存在偏应力－应变关系类型转化,从应变软化型转化为应变硬化型。

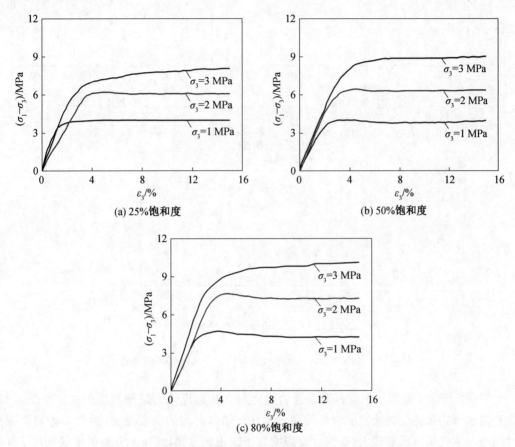

图 5.3　不同瓦斯水合物饱和度煤体偏应力－应变试验曲线

5.2.2　水合物生成对含瓦斯煤体强度参数的影响

图 5.4 给出了低围压下含瓦斯水合物煤体与含瓦斯煤体的峰值强度。由图可知,本试验范围内,相同围压、饱和度下含瓦斯水合物煤体的峰值强度均高于含瓦斯煤体的峰值强度,且两者峰值强度之间的差值随围压增大而增大,随饱和度增大呈先减小后增大趋势。这表明瓦斯水合物的生成有助于提高煤体能承受的最大轴向应力,强化煤体抵抗破坏的能力,且强化作用随围压增大而增强。

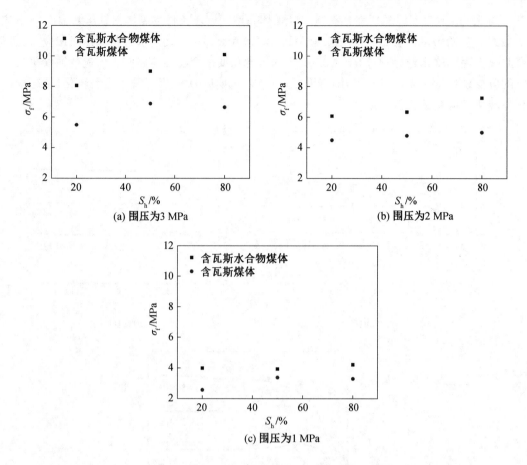

图 5.4　低围压下含瓦斯水合物煤体与含瓦斯煤体的峰值强度

　　图 5.5 给出了低围压下含瓦斯水合物煤体与含瓦斯煤体的起始屈服强度。由图可知，含瓦斯水合物煤体的起始屈服强度均高于含瓦斯煤体的起始屈服强度，两者起始屈服强度之间的差值受围压影响较大，受饱和度影响较小。由此可知，瓦斯水合物的生成提高了煤体抵抗微量塑性变形的能力。

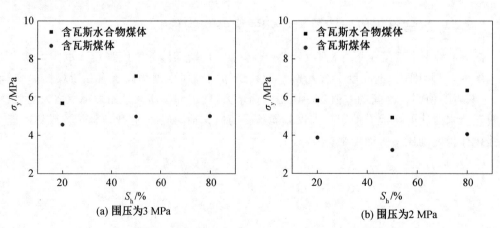

图 5.5　低围压下含瓦斯水合物煤体与含瓦斯煤体的起始屈服强度

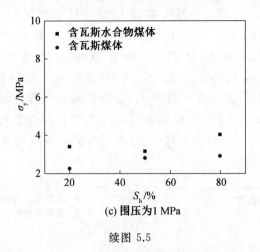

(c) 围压为 1 MPa

续图 5.5

图 5.6 所示为低围压下含瓦斯水合物煤体及含瓦斯煤体的内摩擦角,从图 5.3 ～ 5.5 中可以看出,由于瓦斯水合物在煤体中的生成,因此含瓦斯水合物煤体的峰值强度和变形模量显著增加,内摩擦角也有所加大,说明煤体中瓦斯水合物的生成对于含瓦斯煤体抵抗破坏及变形的能力有所改善和提高。从图 5.6 中可以看出,当饱和度为 20%(含水量 7.65 g) 时,含瓦斯水合物煤体和含瓦斯煤体的内摩擦角分别为 30.5° 和 23.52°,增大了 29.68%;当饱和度为 50%(含水量 15.3 g) 时,含瓦斯水合物煤体和含瓦斯煤体的内摩擦角分别为 31.17° 和 24.6°,增大了 26.71%;当饱和度为 80%(含水量 24.5 g) 时,含瓦斯水合物煤体和含瓦斯煤体的内摩擦角分别为 33.7° 和 24.62°,增大了 36.88%;内摩擦角的增大是含瓦斯水合物承载能力提高的一个原因。

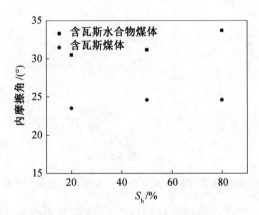

图 5.6　低围压下含瓦斯水合物煤体及含瓦斯煤体的内摩擦角

5.2.3　水合物生成对含瓦斯煤体变形参数的影响

图 5.7 所示为低围压下含瓦斯水合物煤体及含瓦斯煤体的弹性模量。从图中可以看出,不同围压及不同饱和度下,较含瓦斯煤体而言,含瓦斯水合物煤体的弹性模量均显著提高。围压为 1 MPa 时,含瓦斯煤体的弹性模量分别为 75.09 MPa(7.65%)、89.43 MPa(15.3%)、71.93 MPa(24.5%),含瓦斯水合物煤体的弹性模量分别为 275.75 MPa(20%)、

179.86 MPa(50%)、202.53 MPa(80%)，较含瓦斯煤体分别增加了 267.22%、101.11%、181.57%；围压为 2 MPa 时，含瓦斯煤体的弹性模量分别为 85.60 MPa(7.65%)、114.88 MPa(15.3%)、87.06 MPa(24.5%)，含瓦斯水合物煤体的弹性模量分别为 200.01 MPa(20%)、220.02 MPa(50%)、227.00 MPa(80%)，较含瓦斯煤体分别增加了 98.61%、91.52%、160.74%；围压为 3 MPa 时，含瓦斯煤体的弹性模量分别为 101.69 MPa(7.65%)、121.48 MPa(15.3%)、101.42 MPa(24.5%)，含瓦斯水合物煤体的弹性模量分别为 243.3 MPa(20%)、224.36 MPa(50%)、297.85 MPa(80%)，较含瓦斯煤体分别增加了 139.26%、84.68%、193.68%。

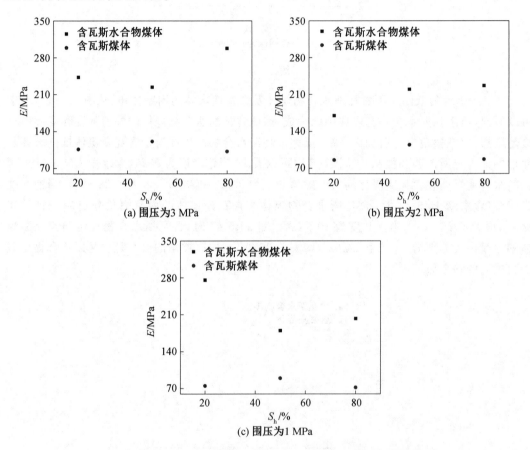

图 5.7　　低围压下含瓦斯水合物煤体及含瓦斯煤体的弹性模量

　　从含瓦斯煤体和含瓦斯水合物煤体的偏应力－应变曲线变化角度看，在围压和注水量相同的试验条件下含瓦斯水合物煤体的轴向应力明显增大，且偏应力－应变曲线呈应变硬化型；含瓦斯水合物煤体的力学强度特征点的强度值在相同试验条件下均比含瓦斯煤体大；同时不难从图中发现由于瓦斯水合物在煤体中的生成，煤体的峰值强度和变形模量得到显著提高，初步说明瓦斯水合物的生成对改善煤体力学性质具有显著效果，这将为利用水合物技术预防煤与瓦斯突出问题提供一种全新的可能。

5.3　高围压条件下水合物生成对含瓦斯煤体力学性质的影响

5.3.1　加载应力路径下对比

为了进行加载应力路径下含瓦斯水合物煤体和含瓦斯煤体的力学性质的对比,本节利用粒径为 $60 \sim 80$ 目,围压为 16 MPa 的三组含瓦斯煤体与三组含瓦斯水合物煤体进行对比,加载应力路径下含瓦斯水合物煤体和含瓦斯煤体试验参数统计在表 5.1 中。

表 5.1　试样基本试验参数

试样	编号	粒径 /目	围压 /MPa	初始瓦斯压力 /MPa	初始含水量 /g
含瓦斯煤体	C−1	$60 \sim 80$	16	6	6.96
	C−2	$60 \sim 80$	16	6	9.29
	C−3	$60 \sim 80$	16	6	11.61
含瓦斯水合物煤体	I−7	$60 \sim 80$	16	6	6.96
	I−8	$60 \sim 80$	16	6	9.29
	I−9	$60 \sim 80$	16	6	11.61

六组试验全部为加载应力路径下三轴试验,为方便分析将含瓦斯水合物煤体和含瓦斯煤体偏应力－应变曲线绘制在同一坐标中,如图 5.8 所示。由图 5.8 可知,不论是含瓦斯水合物煤体还是含瓦斯煤体,它们的偏应力－轴向应变曲线呈应变硬化型,因此将 $\varepsilon_1 = 12\%$ 所对应的偏应力作为破坏强度。相同初始含水量条件下,水合物在煤体中生成,可以提高其破坏强度。初始含水量 6.96 g 时,含瓦斯煤体破坏强度为 20.59 MPa,含瓦斯水合物煤体破坏强度为 24.69 MPa,增幅为 19.91%;初始含水量 9.29 g 时,含瓦斯煤体破坏强度为 17.47 MPa,含瓦斯水合物煤体破坏强度为 25.95 MPa,增幅为 48.54%;初始含水量 11.61 g 时,含瓦斯煤体破坏强度为 22.79 MPa,含瓦斯水合物煤体破坏强度为 28.35 MPa,增幅为 24.39%。水合物在煤体中生成,填充了煤体孔隙以及水合物具有胶结作用同时水合物的生成消耗了瓦斯,降低了瓦斯压力,因此含瓦斯水合物煤体的破坏强度较大。

含瓦斯水合物煤体和含瓦斯煤体变形模量－轴向应变关系曲线如图 5.9 所示。由图可知,含瓦斯水合物煤体和含瓦斯煤体变形模量随轴向应变变化趋势基本一致,随轴向应变增大,变形模量先快速减小,然后缓慢减小,最后逐渐趋于稳定。同一初始含水量条件下,含瓦斯水合物煤体的变形模量大于含瓦斯煤体的变形模量,原因在于水合物在煤体中的生成提高了试样抵抗变形的能力。

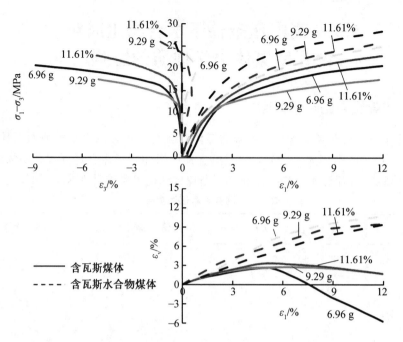

图 5.8　　两种试样偏应力－应变关系曲线

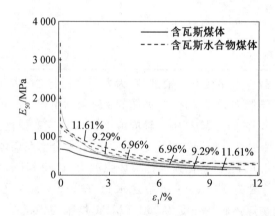

图 5.9　　两种试样变形模量－轴向应变关系曲线

　　含瓦斯水合物煤体和含瓦斯煤体泊松比－轴向应变关系曲线如图 5.10 所示。由图可知,含瓦斯煤体泊松比随轴向应变增大先减小后增大,含瓦斯水合物煤体随轴向应变增大先迅速减小后增大,最后逐渐趋于稳定。同一初始含水量条件下,含瓦斯煤体的泊松比远大于含瓦斯水合物煤体的泊松比,主要是因为含瓦斯煤体易发生径向变形。

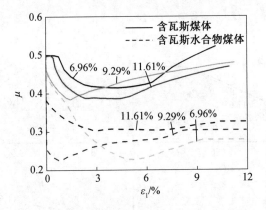

图 5.10　两种试样泊松比－轴向应变关系曲线

5.3.2　卸荷应力路径下对比

引用第 3 章的三组与加载试验对应的卸荷试验含瓦斯煤体三轴试验,对比分析卸荷应力路径下含瓦斯水合物煤体和含瓦斯煤体两种试样的强度变形性质。加载应力路径下含瓦斯水合物煤体和含瓦斯煤体试验参数统计在表 5.2 中。

表 5.2　试样基本试验参数

试样	编号	粒径 / 目	围压 /MPa	初始瓦斯压力 /MPa	初始含水量 /g
含瓦斯煤体	C－4	60～80	16	6	6.96
	C－5	60～80	16	6	9.29
	C－6	60～80	16	6	11.61
含瓦斯水合物煤体	Ⅱ－7	60～80	16	6	6.96
	Ⅱ－8	60～80	16	6	9.29
	Ⅱ－9	60～80	16	6	11.61

卸荷应力路径下典型含瓦斯煤体和含瓦斯水合物煤体偏应力－应变关系曲线绘制在图 5.11 中。由图 5.11 可知,含瓦斯水合物煤体和含瓦斯煤体偏应力－轴向、径向应变关系曲线变化规律相同。弹性阶段,同一初始含水量条件下,含瓦斯水合物煤体轴向应变曲线斜率大于含瓦斯煤体轴向应变曲线斜率,说明水合物在煤体中的生成可以增大其弹性模量,提高抵抗变形能力。同一初始含水量条件下,含瓦斯水合物煤体的残余破坏应力明显大于含瓦斯煤体的残余破坏应力,说明水合物的存在提高了煤体的强度。由于本试验为卸荷试验,两种试样出现了不同程度的扩容现象。同一初始含水量条件下,两种试样的体积应变曲线随轴向应力的增大先上升,后下降,体积膨胀,含瓦斯煤体扩容大于含瓦斯水合物煤体扩容。

含瓦斯煤体和含瓦斯水合物煤体的卸围压效应系数统计在表 5.3 中。同一初始含水量条件下,和含瓦斯水合物煤体相比,含瓦斯煤体卸围压破坏时的围压大,说明开始卸围压到试样破坏时间隔的时间短,试样很快破坏;含瓦斯煤体卸围压效应系数小,说明和含瓦斯水合物煤体相比,含瓦斯煤体易失稳破坏。从卸围压效应系数的比较也能看出水合物的生成可以提高煤体的强度,相同条件下,含瓦斯水合物煤体较含瓦斯煤体更不容易发生破坏。

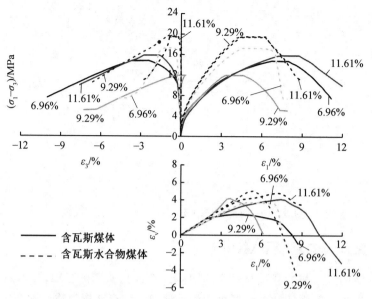

图 5.11　卸荷路径下含瓦斯水合物煤体和含瓦斯煤体偏应力－应变关系曲线

表 5.3　含瓦斯煤体和含瓦斯水合物煤体的卸围压效应系数

编号	σ_{3f}/MPa	$\Delta\sigma_3$/MPa	f	t/s
C－4	13.86	2.14	0.13	204
C－5	11.21	4.79	0.30	469
C－6	13.30	4.70	0.29	260
Ⅱ－7	10.75	5.25	0.32	523
Ⅱ－8	10.55	5.45	0.34	549
Ⅱ－9	10.10	5.90	0.37	585

　　两种试样的变形模量随围压变化的关系曲线如图 5.12 所示。由图 5.12 可知,含瓦斯煤体和含瓦斯水合物煤体两种试样的变形模量都随围压降低而减小。初始含水量相同时,含瓦斯水合物煤体的变形模量大于含瓦斯煤体的变形模量,原因在于水合物在煤体中生成,填充了煤体孔隙,提高了抵抗变形的能力。

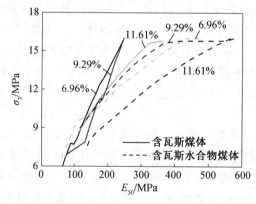

图 5.12　含瓦斯煤体和含瓦斯水合物煤体变形模量随围压变化的关系曲线

　　含瓦斯煤体和含瓦斯水合物煤体泊松比随围压变化的关系曲线如图 5.13 所示。由图 5.13 可知,含瓦斯煤体和含瓦斯水合物煤体的泊松比随围压降低而减小。初始含水量相同时,含瓦斯煤体的泊松比大于含瓦斯水合物煤体的泊松比,因为含瓦斯煤体的径向变形大,所以含瓦斯煤体的泊松比较大。

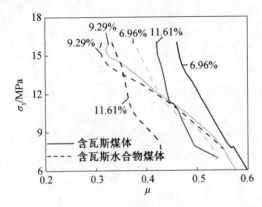

图 5.13　含瓦斯煤体和含瓦斯水合物煤体泊松比随围压变化的关系曲线

5.4　本章小结

　　本章研究了水合物生成对含瓦斯水合物煤体力学性质的影响,主要从低围压条件和高围压条件两方面来进行阐述,主要结论如下:

　　(1) 低围压条件下水合物生成对含瓦斯煤体力学性质的影响。

　　① 常规三轴试验中,相同围压、饱和度下含瓦斯水合物煤体的峰值强度均高于含瓦斯煤体的峰值强度,且两者峰值强度之间的差值随围压增大而增大,随饱和度增大呈先减小后增大趋势;相同围压、饱和度下瓦斯水合物煤体的起始屈服强度均高于含瓦斯煤体的起始屈服强度,两者起始屈服强度之间的差值受围压影响较大,受饱和度影响较小。瓦斯水合物的生成有助于提高煤体能承受的最大轴向应力,提高煤体抵抗微量塑性变形的能力,强化煤体抵抗破坏的能力,且强化作用随围压的增大而增强。

　　② 由于瓦斯水合物在煤体中的生成,因此含瓦斯水合物煤体的峰值强度和变形模量显著增加,弹性模量显著提高,内摩擦角也有所加大。煤体的峰值强度和变形模量得到显著提高,初步说明瓦斯水合物的生成对改善煤体力学性质具有显著效果,这将为利用水合物技术预防煤与瓦斯突出问题提供一种全新的可能。

　　(2) 高围压条件下水合物生成对含瓦斯煤体力学性质的影响。

　　① 常规三轴试验中,含瓦斯水合物煤体及含瓦斯煤体的偏应力－轴向应变曲线呈应变硬化型;相同初始含水量条件下,含瓦斯水合物煤体的破坏强度均大于含瓦斯煤体的破坏强度,含瓦斯水合物煤体的变形模量大于含瓦斯煤体的变形模量,说明水合物在煤体中生成,可以提高试样的破坏强度和抵抗变形的能力。

　　② 卸荷应力路径下含瓦斯水合物煤体和含瓦斯煤体偏应力－轴向、径向应变关系曲线

变化规律相同,卸荷过程结束后,两种试样出现了不同程度的扩容现象,含瓦斯煤体扩容大于含瓦斯水合物煤体扩容;卸荷过程中,含瓦斯煤体和含瓦斯水合物煤体两种试样的变形模量和泊松比均随围压的降低而减小,初始含水量相同时,含瓦斯水合物的变形模量大于含瓦斯煤体的变形模量,含瓦斯煤体的泊松比大于含瓦斯水合物煤体的泊松比。

参 考 文 献

[1] WU Q,HE X Q. Preventing coal and gas outburst using methane hydration[J]. Journal of China University of Mining & Technology,2003,13(1):7-10.

[2] 吴强,李成林,江传力. 瓦斯水合物生成控制因素探讨[J]. 煤炭学报,2005,30(3):283-287.

[3] 吴强,张保勇. 瓦斯水合物在含煤表面活性剂溶液中生成影响因素探讨[J]. 北京科技大学学报,2007,29(8):755-770.

[4] ZHANG B Y,WU Q. Thermodynamic promotion of tetrahydrofuran on methane separation from low-concentration coal mine methane based on hydrate[J]. Energy and Fuels,2010,24:2530-2535.

[5] 姜耀东,潘一山,姜福兴,等. 我国煤炭开采中的冲击地压机理和防治[J]. 煤炭学报,2014,39(2):205-213.

[6] DURHAM W B,KIRBY S H,STERN L A,et al. The strength and rheology of methane clathrate hydrate[J]. Journal of Geophysical Research,2003,108:1-11.

[7] CLAYTON C R I,PRIEST J A,BEST A I. The effects of disseminated methane hydrate on the dynamic stiffness and damping of a sand[J]. Geo-technique,2005,55(6):423-434.

[8] GROZIC L H,GHIASSIAN J H. Undrained shear strength of methane hydrate-bearing sand:preliminary laboratory results. 63rd Canadian Geotechnical Conference and 6th Canadian Permafrost Conference[C]. Calgary:[s.n.],2010.

[9] WU L Y,GROZIC J L H. Laboratory analysis of carbon dioxide hydrate-bearing sands[J]. Journal of Geotechnical and Geo Environmental Engineering,2008,134(4):547-550.

[10] HYODO M,YONEDA J,YOSHIMOTO N,et al. Mechanical and dissociation properties of methane hydrate-bearing sand in deep seabed[J]. Soils and Foundations,2013,53(2):299-314.

[11] HYODO M,LI Y H,YONEDA J,et al. Effects of dissociation on the shear strength and deformation behavior of methane hydrate-bearing sediments[J]. Marine and Petroleum Geology,2014,51:52-62.

[12] LIU W G,ZHAO J,LUO Y,et al. Experimental measurements of mechanical properties of carbon dioxide hydrate-bearing sediments[J]. Marine and Petroleum Geology,2013,46:201-209.

[13]LIU W G,LUO T,LI Y,et al. Experimental study on the mechanical properties of sediments containing CH_4 and CO_2 hydrate mixtures[J]. Journal of Natural Gas Science and Engineering,2016,32: 20-27.

[14]SONG Y C,ZHU Y M,LIU W G,et al. Experimental research on the mechanical properties of methane hydrate-bearing sediments during hydrate dissociation[J]. Marine and Petroleum Geology,2014,51: 70-78.

[15]KUMAR A,SAKPAL T,ROY S. Methane hydrate formation in a test sediment of sand and clay at various levels of water saturation[J]. Canadian Journal of Chemistry, 2015,93: 1-8.

[16]LIU Z H,WEI H Z,PENG L,et al. An easy and efficient way to evaluate mechanical properties of gas hydrate-bearing sediments: the direct shear test[J]. Journal of Petroleum Science and Engineering,2017,149:56-64.

[17]CHUVILIN E M,BUKHANOV B A,GREBENKIN S I,et al. Shear strength of frozen sand with dissociating pore methane hydrate: an experimental study[J]. Cold Regions Science and Technology,2018,153: 101-105.

[18]SEOL Y,LEI L,CJOI J H,et al. Integration of triaxial testing and pore-scale visualization of methane hydrate bearing sediments[J]. The Review of Scientific Instruments,2019,90(12):124504.

[19]LEI L,SEOL Y. Pore-scale investigation of methane hydrate-bearing sediments under triaxial condition[J]. Geophysical Research Letters,2020,47(5): e2019GL086448.

[20]KLAR A,SOGA K,NG M Y A. Coupled deformation-flow analysis for methane hydrate extraction[J]. Géotechnique,2010,60(10): 765-776.

[21] 刘芳,寇晓勇,蒋明镜,等. 含水合物沉积物强度特性的三轴试验研究[J]. 岩土工程学报,2013,35(8):1565-1572.

[22] 李彦龙,刘昌岭,刘乐乐,等. 含甲烷水合物松散沉积物的力学特性[J]. 中国石油大学学报(自然科学版),2017,41(3):105-113.

[23] 李彦龙,刘昌岭,刘乐乐,等. 含水合物松散沉积物三轴试验及应变关系模型[J]. 天然气地球科学,2017,28(3):383-390.

[24]WINTERS W J,PECHER I A,WAITE W F,et al. Physical properties and rock physics models of sediment containing natural and laboratory-formed methane gas hydrate[J]. American Mineralogist,2004,89(8-9): 1221-1227.

[25]WINTERS W J,WAITE W F,MASON D H,et al. Methane gas hydrate effect on sediment acoustic and strength properties[J]. Journal of Petroleum Science and Engineering,2007,56: 127-135.

[26]MIYAZAKI K,MASUI A,SAKAMOTO Y. Effect of confining pressure on triaxial compressive properties of artificial methane hydrate bearing sediments[C]. Houston: [s.n.],2010.

[27]GABITTO J F,TSOURIS C. Physical properties of gas hydrstes: a review[J]. Journal of Thermodynamics,2010,20(10): 1-12.

[28]BRUGADA J,CHENG Y P,SOGA K,et al. Discrete element modelling of geomechanical behaviour of methane hydrate soils with pore-filling hydrate distribution[J]. Granular Matter,2010,12: 517-525.

[29]JUNG J W,SANTAMARINA J C,SOGA K. Stress-strain response of hydrate-bearing sands: numerical study using discrete element method simulations[J]. Journal of Geophysical Research,2012,117(B4): B04202.

[30]GHIASSIAN H,GROZIC J L H. Strength behavior of methane hydrate bearing sand in undrained triaxial testing[J]. Marine and Petroleum Geology,2013,43: 310-319.

[31]KNEAFSEY T J,MORIDS G J. X-ray computed tomography examination and comparison of gas hydrate dissociation in NGHP-01 expedition (India) and Mount Elbert (Alaska) sediment cores: experimental observations and numerical modeling[J]. Marine and Petroleum Geology,2014,58(A): 526-536.

[32]YONEDA J,MASUI A,KONNO Y,et al. Mechanical behavior of hydrate-bearing pressure-core sediments visualized under triaxial compression[J]. Marine and Petroleum Geology,2015,66(2): 451-459.

[33]YONEDA J,OSHIMA M,KIDA M,et al. Pressure core based onshore laboratory analysis on mechanical properties of hydrate-bearing sediments recovered during India's National Gas Hydrate Program Expedition (NGHP) 02[J]. Marine and Petroleum Geology,2019,108: 482-501.

[34]YONEDA J,OSHIMA M,KIDA M,et al. Consolidation and hardening behavior of hydrate-bearing pressure-core sediments recovered from the Krishna-Godavari Basin, offshore India[J]. Marine and Petroleum Geology,2019,108: 512-523.

[35]YAN C L,CHENG Y F,LI M L,et al. Mechanical experiments and constitutive model of natural gas hydrate reservoirs[J]. International Journal of Hydrogen Energy,2017,42(31): 19810-19818.

[36]TAN C P,FREIJ-AYOUB R,CLENNELL M B,et al. Managing wellbore instability risk in gas hydrste-bearing sediments.In :Properence of Source SPE Asia Pacific Oil and Gas Conference and Exhibition[C]Jakarta:[s.n.],2005.

[37]FRANCISCA F,YUN T S,RUPPEL C,et al. Geophysical and geotechnical properties of near-seafloor sediments in the northern Gulf of Mexico gas hydrate province[J]. Earth and Planetary Science Letters,2005,237(3-4): 924-939.

[38]SANTAMARINA J C,YUN T S,NARSILIO G A. Physical characterization of core samples recovered from Gulf of Mexico[J]. Marine and Petroleum Geology,2006, 23(9-10): 893-900.

[39]RUPPEL C,LEE J Y, SANTAMARINA J C. Mechanical and electromagnetic

properties of northern Gulf of Mexico sediments with and without THF hydrates[J]. Marine and Prtroleun Geology,2008,25(9)：884-895.

[40]LE T X,AIMEDIEU P,BORNERT M. Effect of temperature cycle on mechanical properties of methane hydrate-bearing sediment[J]. Soils and Foundations,2019, 59(4)：814-827.

[41]OSHIMA M,SUZUKI K,YONEDA J,et al. Lithological properties of natural gas hydrate-bearing sediments in pressure-cores recovered from the Krishna-Godavari Basin[J]. Marine and Petroleum Geology,2019,108:439-470.

[42]YUN T S,SANTAMARIAN J C,RUPPEL C. Mechanical properties of sand, silt, and clay containing tetrahydrofuran hydrate[J]. Journal of Geophysical Research, 2007,112：1-13.

[43]李令东,程远方,孙晓杰,等. 水合物沉积物试验岩样制备及力学性质研究[J]. 中国石油大学学报(自然科学版),2012,36(4):97-101.

[44]孙晓杰,程远方,李令东,等. 天然气水合物岩样三轴力学试验研究[J]. 石油钻探技术, 2012,40(4):52-57.

[45]刘乐乐,张旭辉,刘昌岭,等. 含水合物沉积物三轴剪切试验与损伤统计分析[J]. 力学学报,2016,48(3):720-729.

[46]刘乐乐,张准,宁伏龙,等. 含水合物沉积物渗透率分形模型[J]. 中国科学:物理学力学天文学,2019,49(3):165-172.

[47]张金华,魏伟,肖红平,等. 含水合物沉积物合成方法及其对热、力学性质影响的研究进展[J]. 科学技术与工程,2017,17(26):146-155.

[48]王淑云,罗大双,张旭辉,等. 含水合物黏土的力学性质试验研究[J]. 试验力学,2018, 33(2):245-252.

[49]LUO T T,LIUA W G,LIA Y H,et al. Mechanical properties of stratified hydrate-bearing sediments[J]. Energy Procedia,2017,105：200-205.

[50]LUO T T,LI Y H,SUN X,et al. Effect of sediment particle size on the mechanical properties of CH_4 hydrate-bearing sediments[J]. Journal of Petroleum Science and Engineering,2018,171：302-314.

[51]KAJIYAMA S,HYODO M,NAKATA Y,et al. Shear behaviour of methane hydrate bearing sand with various particle characteristics and fines[J]. Soils and Foundations,2017,57(2)：176-193.

[52]KAJIYAMA S,WU Y,HYODO M,et al. Experimental investigation on the mechanical properties of methane hydrate-bearing sand formed with rounded particles[J]. Journal of Natural Gas Science and Engineering,2017,45：96-107.

[53]WANG L,LI Y H,WU P,et al. Physical and mechanical properties of the overburden layer on gas hydrate-bearing sediments of the South China sea[J]. Journal of Petroleum Science and Engineering,2020：107020.

[54] 鲁晓兵,王丽,王淑云,等. 第十三届中国海洋(岸)工程学术讨论会论文集[C]. 北京: 海洋出版社,2007.

[55] 鲁晓兵,张旭辉,石要红,等. 黏土水合物沉积物力学特性及应力应变关系[J]. 中国海洋大学学报(自然科学版),2017,47(10):9-13.

[56] 张旭辉,王淑云,李清平,等. 天然气水合物沉积物力学性质的试验研究[J]. 岩土力学, 2010,31(10):3069-3074.

[57] 张旭辉,鲁晓兵,王淑云,等. 四氢呋喃水合物沉积物静动力学性质试验研究[J]. 岩土力学,2011,32(S1):303-308.

[58] 魏厚振,颜荣涛,陈盼,等. 不同水合物含量含二氧化碳水合物砂三轴试验研究[J]. 岩土力学,2011,32(S2):198-203.

[59] 颜荣涛,韦昌富,魏厚振,等. 水合物形成对含水合物砂土强度影响[J]. 岩土工程学报, 2012,34(7):1234-1240.

[60] 颜荣涛,韦昌富,傅鑫晖,等. 水合物赋存模式对含水合物土力学特性的影响[J]. 岩石力学与工程学报,2013,32(S2):4115-4122.

[61] 颜荣涛,张炳晖,杨德欢,等. 不同温-压条件下含水合物沉积物的损伤本构关系[J]. 岩土力学,2018,39(12):4421-4428.

[62] 石要红,张旭辉,鲁晓兵,等. 南海水合物黏土沉积物力学特性试验模拟研究[J]. 力学学报,2015,47(3):521-528.

[63] 王哲,李栋梁,吴起,等. 石英砂粒径对水合物沉积物力学性质的影响[J]. 试验力学, 2020,35(2):251-258.

[64] VANOUDHEUSDEN E,SULTAN N,COCHONAT P. Mechanical behaviour of unsaturated marine sediments: experimental and theoretical approaches[J]. Marine Geology,2004,213(1): 323-342.

[65] IWAI H,KONISHI Y,SAIMYOU K,et al. Rate effect on the stress-strain relations of synthetic carbon dioxide hydrate-bearing sand and dissociation tests by thermal stimulation[J]. Soils and Foundations,2018,58: 1113-1132.

[66] MURAOKA M,OHTAKE M,SUSUKI N,et al. Thermal properties of highly saturated methane hydrate-bearing sediments recovered from the Krishna-Godavari Basin[J]. Marine and Petroleum Geology,2019,108:321-331.

[67] 李洋辉,宋永臣,于锋,等. 围压对含水合物沉积物力学特性的影响[J]. 石油勘探与开发,2011,38(5):637-640.

[68] 李洋辉,宋永臣,刘卫国,等. 温度和应变速率对水合物沉积物强度影响试验研究[J]. 天然气勘探与开发,2012,35(1):50-53,82.

[69] 于锋,宋永臣,李洋辉,等. 含冰甲烷水合物的应力与应变关系[J]. 石油学报,2011, 32(4):687-692.

[70] 于锋. 甲烷水合物及其沉积物的力学特性研究[D]. 大连:大连理工大学,2011.

[71] WANG L,LIU W G,LU Y H,et al. Mechanical behaviors of methane

hydrate-bearing sediments using montmorillonite clay[J]. Energy Procedia,2019, 109：5281-5286.

[72] 吴二林,魏厚振,颜荣涛,等. 考虑损伤的含天然气水合物沉积物本构模型[J]. 岩石力学与工程学报,2012,31(S1):3045-3050.

[73] 吴二林,韦昌富,魏厚振,等. 含天然气水合物沉积物损伤统计本构模型[J]. 岩土力学, 2013,34(1):60-65.

[74] 吴起,卢静生,李栋梁,等. 降压开采过程中含水合物沉积物的力学特性研究[J]. 岩土力学,2018,39(12):4508-4516.

[75]KIMITO S,OKA F,FUSHITA T,et al. A chemo-thermo- mechanically coupled numerical simulation of the subsurface ground deformations due to methane hydrate dissociation[J]. Computers and Geotechnics,2007,34(4)：216-228.

[76]SUN X,LUUO H,SOGA K. A coupled Thermal-Hydraulic-Mechanical-Chemical (THMC) model for methane hydrate bearing sediments using COMSOL multiphysics[J]. Journal of Zhejiang University:Science A,2018,19(8)：600-623.

[77]JIANG M,SHEN Z,ZHOU W,et al. Coupled CFD-DEM method for undrained biaxial shear test of methane hydrate bearing sediments(article)[J]. Granular Matter,2018,20(4):63.

[78]LI K,LIU R M,KONG L,et al. Modeling the mechanical behavior of gas hydrate bearing sediments based on unified hardening framework[J]. Geotechnical and Geological Engineering,2019,37(4):2983-2902.

[79]CAI J C,XIA Y X,LU C,et al. Creeping microstructure and fractal permeability model of natural gas hydrate reservoir[J]. Marine and Petroleum Geology,2020, 115:104282.

[80]TEYMOURI M,SANCHEZ M,SANTAMARINA J C. A pseudo-kinetic model to simulate phase changes in gas hydrate bearing sediments[J]. Marine and Petroleum Geology,2020,120:104519.

[81]LIU L L,ZHANG Z,LI C F,et al. Hydrate growth in quartzitic sands and implication of pore fractal characteristics to hydraulic, mechanical, and electrical properties of hydrate-bearing sediments[J]. Journal of Natural Gas Science and Engineering,2020, 75:103109.

[82]DE LA FUENTE M,VAUNAT J,MARN-MORENO H. A densification mechanism to model the mechanical effect of methane hydrates in sandy sediments[J]. International Journal for Numerical and Analytical Methods in Geomechanics,2020, 44(6)：782-802.

[83]JIANG M J,SUN R H,DU W H. DEM investigation on dissociation characteristics of methane hydrate bearing sediments by chemical injection method[J]. Japanese Geotechnical Society Special Publication,2020,8(4)：120-125.

[84] 肖俞,蒋明镜,孙渝刚. 考虑简化胶结模型的深海能源土宏观力学性质离散元数值模拟分析[J]. 岩土力学,2011,32(S1):755-760.

[85] 杨期君,赵春风. 含气水合物沉积物弹塑性损伤本构模型探讨[J]. 岩土力学,2014,35(4):991-997.

[86] 蒋明镜,贺洁. 三维离散元单轴试验模拟甲烷水合物宏观三轴强度特性[J]. 岩土力学,2014,35(9):2692-2701.

[87] 蒋明镜,朱方园. 不同温压环境下深海能源土力学特性离散元分析[J]. 岩土工程学报,2014,36(10):1761-1769.

[88] 刘林,张旭辉,鲁晓兵,等. 富水相环境下含水合物沉积物的本构模型[J]. 地下空间与工程学报,2019,15(S2):563-568.

[89] 刘林,姚仰平,张旭辉,等. 含水合物沉积物的弹塑性本构模型[J]. 力学学报,2020,52(2):556-566.

[90] 张小玲,夏飞,杜修力,等. 考虑含水合物沉积物损伤的多场耦合模型研究[J]. 岩土力学,2019,40(11):4229-4239,4305.

[91] CHEN H D,CHENG Y P,ZHOU H X,et al. Damage and permeability development in coal during unloading[J]. Rock Mechanics and Rock Engineering,2013,46: 1377-1390.

[92] YIN G Z,LI W P,JIANG C B,et al. Mechanical property and permeability of raw coal containing methane under unloading confining pressure[J]. International Journal of Mining Science and Technology,2013,23(6): 789-793.

[93] YIN G Z,JIANG C,WANG J G,et al. Geomechanical and flow properties of coal from loading axial stress and unloading confining pressure tests[J]. International Journal of Rock Mechanics and Mining Sciences,2015,76: 155-161.

[94] LIU W Q,LI Y S,WANG B. Gas permeability of fractured sandstone/coal samples under variable confining pressure[J]. Transport in Porous Media,2010,83(2): 333-347.

[95] LI X C,NIE B S,CHEN J W,et al. The experiment of different gas seepage in coal body under condition of different load[J]. Disaster Advances,2013,6: 15-22.

[96] ZHANG X M,ZHANG D M,LEO C J,et al. Damage evolution and post-peak gas permeability of raw coal under loading and unloading conditions[J]. Transport in Porous Media,2017,117(3): 465-480.

[97] 赵阳升,胡耀青,赵宝虎,等. 块裂介质岩体变形与气体渗流的耦合数学模型及其应用[J]. 煤炭学报,2003,28(1):41-45.

[98] 李小琴,李文平,李洪亮,等. 砂岩峰后卸除围压过程的渗透性试验研究[J]. 工程地质学报,2005(4):481-484.

[99] 王家臣,邵太升,赵洪宝. 瓦斯对突出煤力学特性影响试验研究[J]. 采矿与安全工程学报,2011,28(3):391-394,400.

[100] 黄启翔. 卸围压条件下含瓦斯煤岩力学特性的研究[D]. 重庆:重庆大学,2011.

[101] 程远平,刘洪永,郭品坤,等. 深部含瓦斯煤体渗透率演化及卸荷增透理论模型[J]. 煤炭学报,2014,39(8):1650-1658.

[102] 宋爽,秦波涛,刘杰,等. 两向加卸载含瓦斯煤变形破裂数值模拟研究[J]. 煤矿安全,2017,48(12):28-32.

[103] 解北京,赵泽明,徐晓萌,等. 含瓦斯煤锤击破坏 HJC 本构模型及数值模拟[J]. 煤炭学报,2018,43(10):2789-2799.

[104] 刘超,张东明,尚德磊,等. 峰后围压卸载对原煤变形和渗透特性的影响[J]. 岩土力学,2018,39(6):2017-2024,2034.

[105] 张冲,刘晓斐,王笑然,等. 三轴加载煤体瓦斯渗流速度 - 温度联合响应特征[J]. 煤炭学报,2018,43(3):743-750.

[106] 鲁俊,尹光志,高恒,等. 真三轴加载条件下含瓦斯煤体复合动力灾害及钻孔卸压试验研究[J/OL]. 煤炭学报,2020,45(5):1812-1823[2020-06-14]. https://doi.org/10.13225/j.cnki.jccs.2019.0530.

[107] 舒龙勇,齐庆新,王凯,等. 煤矿深部开采卸荷消能与煤岩介质属性改造协同防突机理[J]. 煤炭学报,2018,43(11):3023-3032.

[108] 刘保县,李东凯,赵宝云. 煤岩卸荷变形损伤及声发射特性[J]. 土木建筑与环境工程,2009,31(2):57-61.

[109] 谢和平,周宏伟,刘建峰,等. 不同开采条件下采动力学行为研究[J]. 煤炭学报,2011,36(7):1067-1074.

[110] 潘荣锟,程远平,董骏,等. 不同加卸载下层理裂隙煤体的渗透特性研究[J]. 煤炭学报,2014,39(3):473-477.

[111] LI Q M,LIANG Y P,ZOU Q L. Seepage and damage evolution characteristics of gas-bearing coal under different cyclic loading-unloading stress paths[J]. Processes,2018,6(10): 190.

[112] LI Q M,LIANG Y P,ZOU Q L,et al. Acoustic emission and energy dissipation characteristics of gas-bearing coal samples under different cyclic loading paths[J]. Natural Resources Research,2020,29(2):1397-1412.

[113] HU Z X,YIN Z Q,XIE L X. Elastic strain energy stored in gas-containing coal rock[J]. Journal of Engineering Science and Technology Review,2016,9(3): 155-160.

[114] CHU Y P,SUN H T,ZHANG D M,et al. Experimental study on evolution in the characteristics of permeability, deformation, and energy of coal containing gas under triaxial cyclic loading-unloading[J]. Energy Science and Engineering,2019,7(5):2112-2123.

[115] 李文璞. 采动影响下煤岩力学特性及瓦斯运移规律研究[D]. 重庆:重庆大学,2014.

[116] 袁曦,张军伟. 分阶段卸载条件下突出煤变形特性特征与渗流特性[J]. 煤炭学报,

2017,42(6):1451-1457.

[117] 尹光志,李文璞,李铭辉,等. 加卸载条件下原煤渗透率与有效应力的规律[J]. 煤炭学报,2014,39(8):1497-1503.

[118] DENG T,LI T,QIAO D,et al. Research on mechanical and gas seepage characteristics of coal-containing gas in the process of unloading confining pressure before and after peak strength[J]. Materials Research Innovations,2015,19(sup8): S8(611-618).

[119] ZHANG M B,LIN M Q ,ZHU H Q,et al. An experimental study of the damage characteristics of gas-containing coal under the conditions of different loading and unloading rates[J]. Journal of Loss Prevention in the Process Industries,2018,55: 338-346.

[120] YIN D W,CHEN S J,XING W B,et al. Experimental study on mechanical behavior of roof-coal pillar structure body under different loading rates[J]. Journal of China Coal Society,2018,43(5):1249-1257.

[121] 李永明,郝临山,魏胜利,等. 煤岩加卸载不同应力途径变形破坏力学参数的研究[J]. 煤炭技术,2006(12):129-131.

[122] 徐佑林,康红普,张辉,等. 卸荷条件下含瓦斯煤力学特性试验研究[J].岩石力学与工程学报,2014,33(S2):3476-3488.

[123] 赵洪宝,王家臣. 卸围压时含瓦斯煤力学性质演化规律试验研究[J]. 岩土力学,2011,32(S1):270-274.

[124] 赵洪宝,汪昕. 卸轴压起始载荷水平对含瓦斯煤样力学特性的影响[J]. 煤炭学报,2012,37(2):259-263.

[125] 潘一山,罗浩,李忠华,等. 含瓦斯煤岩围压卸荷瓦斯渗流及电荷感应试验研究[J]. 岩石力学与工程学报,2015,34(4):713-719.

[126] 俞欢. 采动力学条件下煤岩体力学特性及瓦斯渗透机理研究[D]. 重庆:重庆大学,2017.

[127] 高保彬,钱亚楠,吕蓬勃. 加载速率对煤样破坏力学及声发射特征研究[J].地下空间与工程学报,2020,16(2):463-474.

[128] 赵宏刚,张东明,刘超,等. 加卸载下原煤力学特性及渗透演化规律[J]. 工程科学学报,2016,38(12):1674-1680.

[129] 张军伟,姜德义,赵云峰,等. 分阶段卸荷过程中构造煤的力学特征及能量演化分析[J]. 煤炭学报,2015,40(12):2820-2828.

[130] XUE Y,RANJITH P G,CAO F,et al. Mechanical behaviour and permeability evolution of gas-containing coal from unloading confining pressure tests[J]. Journal of Natural Gas Science and Engineering,2017,40: 336-346.

[131] WANG K,DU F. Experimental investigation on mechanical behavior and permeability evolution in coal-rock combined body under unloading conditions[J].

Arabian Journal of Geo sciences,2019,12(14):1-15.

[132]WANG K,ZHANG X,DU F,et al. Coal damage and permeability characteristics under accelerated unloading confining pressure[J]. Geotechnical and Geological Engineering,2020,38(1):561-572.

[133] 尹光志,蒋长宝,王维忠,等. 不同卸围压速度对含瓦斯煤岩力学和瓦斯渗流特性影响试验研究[J]. 岩石力学与工程学报,2011,30(1):68-77.

[134] 尹光志,李文璞,李铭辉,等. 不同加卸载条件下含瓦斯煤力学特性试验研究[J]. 岩石力学与工程学报,2013,32(5):891-901.

[135] 许江,李波波,周婷,等. 加卸载条件下煤岩变形特性与渗透特征的试验研究[J]. 煤炭学报,2012,37(9):1493-1498.

[136]DU F,WANG K,WANG G D,et al. Investigation of the acoustic emission characteristics during deformation and failure of gas-bearing coal-rock combined bodies[J]. Journal of Loss Prevention in the Process Industries,2018,55(17):253-266.

[137] 杨永杰,马德鹏. 煤样三轴卸荷破坏的能量演化特征试验分析[J]. 采矿与安全工程学报,2018,35(6):1208-1216.

[138] 杨永杰,马德鹏,周岩. 煤岩三轴卸围压破坏声发射本征频谱特征试验研究[J]. 采矿与安全工程学报,2019,36(5):1002-1008.

[139] 苏承东,高保彬,南华,等. 不同应力路径下煤样变形破坏过程声发射特征的试验研究[J]. 岩石力学与工程学报,2009,28(4):757-766.

[140] 苏承东,熊祖强,翟新献,等. 三轴循环加卸载作用下煤样变形及强度特征分析[J]. 采矿与安全工程学报,2014,31(3):456-461.

[141] 黄启翔,尹光志,姜永东. 地应力场中煤岩卸围压过程力学特性试验研究及瓦斯渗透特性分析[J]. 岩石力学与工程学报,2010,29(8):1639-1648.

[142] 黄启翔. 卸围压条件下含瓦斯煤岩力学特性的研究[D]. 重庆:重庆大学,2011.

[143] 刘泉声,刘凯德,卢兴利,等. 高应力下原煤三轴卸荷力学特性研究[J].岩石力学与工程学报,2014,33(S2):3429-3438.

[144] 刘泉声,刘恺德,朱杰兵,等. 高应力下原煤三轴压缩力学特性研究[J].岩石力学与工程学报,2014,33(1):24-34.

[145] 李小双,尹光志,赵洪宝,等. 含瓦斯突出煤三轴压缩下力学性质试验研究[J]. 岩石力学与工程学报,2010,29(S1):3350-3358.

[146] 蒋长宝,尹光志,黄启翔,等. 含瓦斯煤岩卸围压变形特征及瓦斯渗流试验[J]. 煤炭学报,2011,36(5):802-807.

[147] 蒋长宝,黄滚,黄启翔. 含瓦斯煤多级式卸围压变形破坏及渗透率演化规律试验[J]. 煤炭学报,2011,36(12):2039-2042.

[148] 蒋长宝,段敏克,尹光志,等. 不同含水状态下含瓦斯原煤加卸载试验研究[J]. 煤炭学报,2016,41(9):2230-2237.

[149] 蒋长宝,俞欢,段敏克,等. 基于加卸载速度影响下的含瓦斯煤力学及渗透特性试验研究[J]. 采矿与安全工程学报,2017,34(6):1216-1222.

[150] 吕有厂,秦虎. 含瓦斯煤岩卸围压力学特性及能量耗散分析[J]. 煤炭学报,2012,37(9):1505-1510.

[151] 袁梅,许江,李波波,等. 气体压力加卸载过程中无烟煤变形及渗透特性的试验研究[J]. 岩石力学与工程学报,2014,33(10):2138-2146.

[152] 杜育芹,袁梅,孟庆浩,等. 不同围压条件下含瓦斯煤的三轴压缩试验研究[J]. 煤矿安全,2014,45(10):10-13.

[153] 王祖洸,高保彬,吕蓬勃. 单轴压缩条件下含瓦斯煤样力学性质研究[J]. 中国科技论文,2017,12(15):1764-1769.

[154] 肖晓春,丁鑫,潘一山,等. 含瓦斯煤岩真三轴多参量试验系统研制及应用[J]. 岩土力学,2018,39(S2):451-462.

[155] 郭平. 瓦斯压力对煤体吸附 — 解吸变形特征影响试验研究[J]. 煤矿安全,2019,50(9):13-16.

[156] 张东明,张祥,饶孜,等. 瓦斯压力对卸荷原煤力学特性及能量特征的影响[J]. 安全与环境学报,2019,19(1):203-209.

[157] 许江,梁永庆,刘东,等. 不同瓦斯压力条件下原煤剪切破裂细观特征试验研究[J]. 岩石力学与工程学报,2012,31(12):2431-2437.

[158] 吴强,刘文新,高霞,等. 不同围压下含瓦斯气体及水合物煤体的力学性质[J]. 黑龙江科技大学学报,2016,26(2):117-121.

[159] 何俊江,李海波,胡少斌,等. 含瓦斯煤体力学特性试验研究[J]. 煤矿安全,2016,47(1):24-27.

[160] 王登科,刘建,尹光志,等. 三轴压缩下含瓦斯煤样蠕变特性试验研究[J]. 岩石力学与工程学报,2010,29(2):349-357.

[161] 郝宪杰,袁亮,王飞,等. 三轴压缩煤样破坏规律及剪切强度参数的反演[J]. 中国矿业大学学报,2017,46(4):730-738.

[162] 孔祥国,王恩元,李树刚,等. 震动载荷下含瓦斯煤动力学特征[J]. 煤炭学报,2020,45(3):1099-1107.

[163] 王凯,郑吉玉,朱奎胜. 两种应力路径下无烟煤的变形破坏特征及能量分析[J]. 岩土力学,2015,36(S2):259-266.

[164] 万志军,冯子军,赵阳升,等. 高温三轴应力下煤体弹性模量的演化规律[J]. 煤炭学报,2011,36(10):1736-1740.

[165] 廖雪娇,蒋长宝,段敏克,等. 温度对采动作用下含瓦斯原煤力学和变形的影响[J]. 东北大学学报(自然科学版),2017,38(9):1347-1352.

[166] 许江,李波波,周婷,等. 循环荷载作用下煤变形及渗透特性的试验研究[J]. 岩石力学与工程学报,2014,33(2):225-234.

[167] 刘培生. 多孔材料孔率的测定方法[J]. 钛工业进展,2005,22(6):34-37.

［168］MAYER R P,STOWE R A. Mercury porosimetry-breakthrough pressure for penetration between packed spheres[J]. Journal of colloid and Interface Science,1965,20:893-911.

［169］曹涛涛,宋之光,罗厚勇. 煤、油页岩和页岩微观孔隙差异及其储集机理[J]. 天然气地球科学,2015,26(11):2208-2218.

［170］顾熠凡,王兆丰,戚灵灵. 基于压汞法的软、硬煤孔隙结构差异性研究[J]. 煤炭科学技术,2016,44(4):64-67.

［171］张先伟,孔令伟. 利用扫描电镜、压汞法、氮气吸附法评价近海黏土孔隙特征[J]. 岩土力学,2013,34(S2):134-142.

［172］霍多特. 煤与瓦斯突出[M]. 宋士钊,王佑安,译. 北京:中国工业出版社,1966.

［173］吉登高,王祖讷,张丽娟. 粉煤成型原料粒度组成的试验研究[J]. 煤炭学报,2005(1):100-103.

［174］陈光进,孙长宇,马庆兰. 气体水合物科学与技术[M]. 北京:化学工业出版社,2007.

［175］刘昌岭,业渝光,孟庆国. 显微激光拉曼光谱测定甲烷水合物的水合指数[J]. 光谱学与光谱分析,2010,30(4):963-966.

［176］吴强,于洋,高霞,等. 七星矿煤体的微观孔隙结构特征[J]. 黑龙江科技大学学报,2018,28(4):374-378.

［177］陈亮,樊少武,李海涛,等. 煤体孔隙结构特征及其对含气性的影响[J]. 煤炭科学技术,2017,45(11):126-132.

［178］SLOAN E D,KOH C. Clathrate Hydrates of Natural Gases[M].New York:CRC Press,2007.

［179］王丽琴,鹿忠刚,邵生俊,等.岩土体复合幂－指数非线性模型[J].岩土力学与工程学报,2017,36(5):1269-1279.

［180］王伟,宋新江,凌华.滨海相软土应力－应变曲线复合指数－双曲线模型[J].岩土工程学报,2010,32(9):455-459.

［181］王军保,刘新荣,刘俊,等.砂岩力学特性及其改进 Duncan－Chang 模型[J].岩石力学与工程学报,2016,35(12):2388-2398.

［182］姜永东,鲜学福,粟健.单一岩石变形特性及本构关系的研究[J].岩土力学,2005,26(6):941-945.

［183］黎立云,谢和平,鞠杨,等.岩石可释放应变能及耗散能的试验研究[J].工程力学,2011,28(3):35-40.

［184］李波波,张尧,任崇鸿,等.三轴应力下煤岩损伤－能量演化特征研究[J].中国安全科学学报,2019(10):102-108.

［185］尤明庆,苏承东.大理石试样循环加载强化作用的试验研究[J].固体力学学报,2009,29(1):66-72.

［186］JIA Zheqiang,LI Cunbao,ZHANG Ru,et al. Energy evolution of coal at different depths under unloading conditions[J]. Rock Mechanics and Rock Engineering,2019,

52：4637-4349.

[187]LE Thixiu,AIMEDIEU P,BORNERT M，et al. Effect of temperature cycle on mechanical properties of methane hydrate-bearing sediment[J]. Soils and Foundations,2019,59(4)：814-827.

[188]LUO Tingting,SONG Yongchen,ZHU Yiming, et al. Triaxial experiments on the mechanical properties of hydrate-bearing marine sediments of south China sea[J]. Marine and Petroleum Geology,2016,77,507-514.

[189]YONEDA J,OSHIMA Motoi,KIDA Masato, et al. Pressure core based onshore laboratory analysis on mechanical properties of hydrate-bearing sediments recovered during India's National Gas Hydrate Program Expedition(NGHP)02[J]. Marine and Petroleum Geology,2019,108：482-501.

[190] 高霞,刘文新,高橙,等. 含瓦斯水合物煤体强度特性三轴试验研究[J]. 煤炭学报,2015,40(12):2829-2835.

[191] 尤明庆，华安增. 岩石试样的三轴卸围压试验[J]. 岩石力学与工程学报,1998(1):24-29.

[192]LIU Q Q,CHENG Y P,JIN K,et al. Effect of confining pressure unloading on strength reduction of soft coal in borehole stability analysis[J]. Environmental Earth Sciences,2017,76(4)：1-11.

[193]JIA Z Q,LI C B,ZHANG R,et al. Energy evolution of coal at different depths under unloading conditions[J]. Rock Mechanics and Rock Engineering,2019,52:4637-4649.

[194]LE T X,AIMEDIEU P,BORNERT M,et al. Effect of temperature cycle on mechanical properties of methane hydrate-bearing sediment[J]. Soils and Foundations,2019,59(4)：814-827.

[195]LUO T T,SONG Y C,ZHU Y M,et al. Triaxial experiments on the mechanical properties of hydrate-bearing marine sediments of south China sea[J]. Marine and Petroleum Geology,2016,77:507-514.

[196]YONEDA J,OSHIMA M,KIDA M,et al. Pressure core based onshore laboratory analysis on mechanical properties of hydrate-bearing sediments recovered during India's National Gas Hydrate Program Expedition (NGHP) 02[J]. Marine and Petroleum Geology,2019,108：482-501.

[197] 吕有厂,秦虎. 含瓦斯煤岩卸围压力学特性及能量耗散分析[J]. 煤炭学报,2012,37(9):1505-1510.

[198]ZHANG B Y,JUN J Z,ZHEN Y Y,et al. Methane hydrate formation in mixed-size porous media with gas circulation：effects of sediment properties on gas consumption, hydrate saturation and rate constant[J]. Fuel,2018,233：94-102.

[199]ZHANG B Y,WU Q. Thermodynamic promotion of tetrahydrofuran on methane

separation from low-concentration coal mine methane based on hydrate[J]. Energy and Fuels,2010,24: 2530-2535.

[200]ZHANG Q,WU Q,ZHANG H,et al. Effect of montmorillonite on hydrate-based methane separation from mine gas[J]. Journal of Central South University (English Edition),2018,25(1): 38-50.

[201] 吴强,朱福良,高霞,等. 晶体类型对含瓦斯水合物煤体力学性质的影响[J]. 煤炭学报,2014,39(8):1492-1496.

[202]GAO X,GAO C,ZHANG B.Y,et al. Experimental investigation on mechanical behavior of methane hydrate bearing coal under triaxial compression[J]. Electronic Journal of Geotechnical Engineering,2015,25(1): 95-112.

[203]GAO X,YANG T C,KAI Y,et al. Mechanical performance of methane hydrate-coal mixture[J]. Energies,2018,11(6): 1562-1575.

[204] 高霞,孟伟,吴强,等.常规三轴压缩下含瓦斯水合物煤体能量变化规律研究[J].煤矿安全, 2020,51(10):196-201.

[205] 张保勇,于洋,高霞,等.卸围压条件下含瓦斯水合物煤体应力－应变特性试验研究[J].煤炭学报. 2021,46(S1):281-290.

[206] 高霞,王维亮,张保勇.高饱和度下含瓦斯水合物煤体的应力－应变关系[J].黑龙江科技大学学报, 2020,30(4):366-372.

[207] 高霞,裴权.含瓦斯水合物煤体的应力－应变特征与本构关系[J].黑龙江科技大学学报, 2019,29(4):392-397.

[208]GAO X, WU Q, ZHANG B Y. Incipient hydrate formation pressure-temperature and equilibrium composition for CH_4-N_2-O_2-THF-H_2O system[J]. Applied Mechanics and Materials,2011,84-85: 213-219.

名 词 索 引

附录　部分彩图

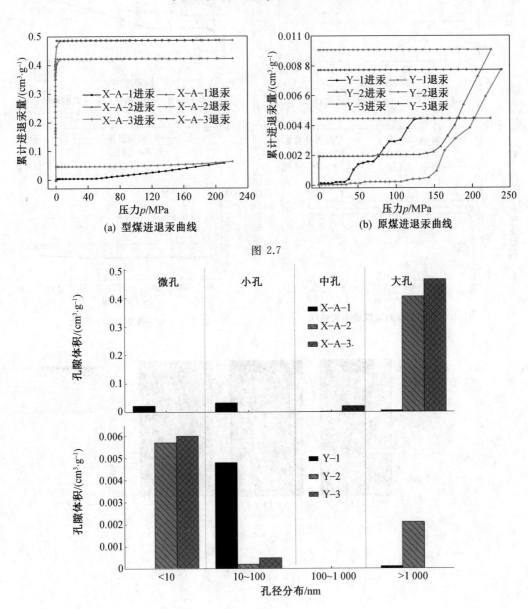

(a) 型煤进退汞曲线

(b) 原煤进退汞曲线

图 2.7

图 2.8

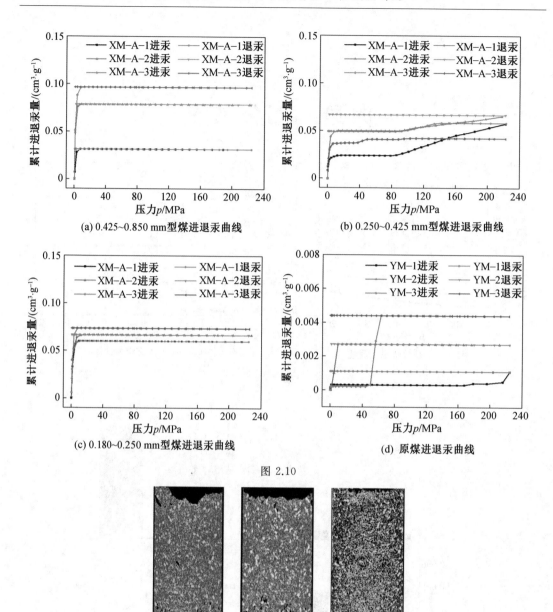

图 2.10

图 4.2

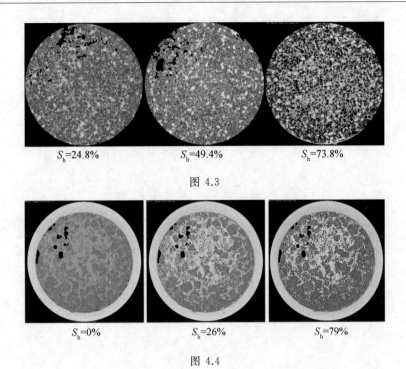

S_h=24.8%　　　　　　S_h=49.4%　　　　　　S_h=73.8%

图 4.3

S_h=0%　　　　　　S_h=26%　　　　　　S_h=79%

图 4.4